catch

catch your eyes；catch your heart；catch your mind……

catch 277

你犯了顛覆臺灣水果釀造的罪

作者：寇延丁
責任編輯：張美黛
編輯協力：嚴菲予
照片提供：嚴菲予
美術設計：TL
插畫：郭捷

出版者：大塊文化出版股份有限公司
台北市 105022 南京東路四段 25 號 11 樓
www.locuspublishing.com
讀者服務專線：0800-006689
TEL：(02) 87123898
FAX：(02) 87123897
郵撥帳號：18955675
戶名：大塊文化出版股份有限公司
法律顧問：董安丹律師、顧慕堯律師

總經銷：大和書報圖書股份有限公司
新北市新莊區五工五路 2 號
TEL：(02) 89902588
FAX：(02) 22901658

初版一刷：2022 年 1 月
定價：新台幣 420 元
ISBN：978-986-0777-82-6

你犯了顛覆臺灣水果釀造的罪 / 寇延丁著 . --
初版 . -- 臺北市 : 大塊文化出版股份有限公司 ,
2022.01　面；　公分 . -- (catch ; 277)
ISBN 978-986-0777-82-6(平裝)

1. 飲食 2. 耕作 3. 農業 4. 生活方式

427　　110021187

你犯了顛覆

臺灣水果釀造的罪

寇延丁
著

前言

開篇　選擇幸福

生命是一個過程，除卻生時渾沌，萬千你我一直活在選擇之中，選擇、或者被選擇。成千上萬的字，萬萬千千排列，寫這本書的時候，我選擇了——幸福。

幸福，曾經寫在我的生命裡。在臺灣耕耘釀造，也是在後民主化時代親歷民主，見證引領變革的力量。游過了漩渦的人有責任說出漩渦的樣子，經歷過幸福，也一樣。

這本書在臺灣孕育，本是亡命天涯的行程，卻因耕田釀造酒色生香。朋友都勸我「不要走」，不知死活的釀酒師傅再一次選擇遠行，要在莫知未來中，實踐幸福。

如果你也想要這樣的幸福那就動動手。這些幸福，小而確定，不是說說而已，都有明確的操作細節。動手，然後動口，就從日常生活「無添加、零廢棄」開始，先讓自己活得於環境無害，再通過分享於社會有益。

大山深處有一所廢棄的小學，我在空曠積塵的教室裡釀了幾十種酒，並在酒氣氤氳中寫這本書。不管在豐饒肥沃的蘭陽平原，還是陰冷貧瘠的閩北山區，親愛的你要記住：要幸福。

與此生甘苦彼此釀造，生活是一場多麼豪華的盛宴啊。讓我們共同舉杯，不醉不歸。

成爲你自己

扣子是誰？

扣子是個農民。

二〇一八年，我在臺灣做農民。不是假模假樣把一台電腦幾本書搬進農村自欺欺人，那樣其實是住在村莊裡拷貝城市生活，只不過換個地方做舊我，新瓶裝舊酒多沒意思。

我把自己像一粒種子一樣，種進蘭陽平原上的深溝村。泥土裡長出了一株全新的植物——農民。

一月一日那天，我在田裡，在水田裡修整秧床，做乾式育秧。我要跟自己的稻米一起經歷完整的生命歷程，從育秧、手插，到人工除草抓螺，成熟後自己選種、留種，收割後手工日曬。當時我自己的期許是：事事親力親爲，獨力耕種，以我五十幾歲的體力，獨力搞定這片田。第一步，就是在自己的水田裡做秧床，浸種、催芽、撒種、育秧。

十二月三十一，還在田裡，仍然是修整秧床，但這一次是在田埂上做秧床，我要試一試田埂上的乾式育秧。第一年農作經歷很有成就感，眞正的收成不是那幾百公斤糯米，而是一個眞正的農夫。我已試過水田裡的乾式育秧，接下來要試田埂上的乾式育秧，以及直播、育苗盤育秧、不浸種的水田育秧、和浸種爆芽後的水田育秧……人生苦短須及時行樂，好玩事太多，得到機會須盡興，要把傳說中的育秧方式，親自動手都試它一試。

二〇一八年，從一月一日到十二月三十一日，我在村莊裡的時間超過三百四十天，每一天都下田。我這麼說並沒有先查日記，而是因爲，下田，是我最大的娛樂活動，不下田會難受。

這種生活最大的報償，是我變成了農民。我帶著種種前世因緣現下糾扯，拖著傷痕累累的腳步在此停駐，意外發現，這才是我命中註定的活法。

把生命種進土地，長出全新自我——農夫扣子。

一個新人，得到了新生。

看上去是在做農夫，其實是在做自己。你懂的，這比種田難。

柚子又是誰？

成爲扣子、成爲村莊釀酒師傅，做農夫的味道好極了。第一年，我不只釀了一百多種酒，差不多是遇到什麼釀什麼，優格、泡菜、紅茶菌菇、素起司來者不拒，統統一釀了之。第二年，我要試試現代人的自給自足。

二〇一九這一年，實現了三重意義上的自給自足：

第一重是用種田養種田，用農作收入付田租、房租、打田、收割、冷儲、碾米、外運、加工所有費用，也包括水電通訊等現代人必備支出。附帶的收益，是養活了我自己。吃的菜都是自己地裡產的，也有農友之間的物物交換，不只回應到我生命存活的基本需求，全是安全放心的健康食物，是現代人奢侈享受。

第二重是用寫作養寫作，出了三本書，兩本新書一本舊書，回應到生命存活之後的精神需求。《親自活著》是村莊釀酒師傅的吃貨心得，《走著瞧》是行走臺灣的社運觀察，舊作《可操作的民主》新出了繁體版。

第三重是用課程養課程，回應社會需求，開發課程做宣導。現代人面臨生活困境，困於「有想法沒辦法」，長於動手的農夫用事實證明，舉手之勞沒那麼難。不僅開發了一套釀造課程，還拍了一系列教學片……結果是，扣子變成了柚子。

離台之前的課程圍繞柚子展開，走到哪裡都念「柚子經」。最後一個月在二十多個地方有三十節課程（有時候一天兩節），不知不覺中，很多人把扣子叫成了「柚子」。

扣子用柚子做宣導，做來做去扣子變柚子。柚子用柚子做宣導，味道好極了。

能夠成為農夫扣子，在風波動盪之中做回自己，已是人生意外犒賞。扣子又成為柚子，則是這份犒賞之中的犒賞。

彼此成全 是最好的宣導

風波詭異此生，半百之年做農夫，是意外中的意外。

當然，做農活很累很辛苦，還好，我慶幸自己在體力還能夠承受的時候擁有這樣一段經歷。農夫田裡討食與土地對話，不僅要承受相當勞動強度，是對體力的考驗，也是全方位生存能力的考驗，任何一個單項不能通過，都可能功虧一簣。

務農期間遇到太多的意想不到必須應對，有些事情需要從頭學起勉力而爲，有點挑戰，但也有駕輕就熟超水準發揮，比如我隨身攜帶的服裝設計專長和吃貨天性，隨時隨地爲務農生活錦上添花，似乎此生種種，都是在爲這段生活做準備。能夠在有生之年見證那些傷痛代價與這個有形生命彼此成全，命運厚待我。

莫名，與柚子結一段情緣

務農讓我在陌生之地成爲扣子，傷痕累累的生命在土地中重生。扣子又能成爲柚子，是我一如既往地，爲熱愛付代價，也因此得獲報償，是意外，也是因緣際遇的必然。

穿越經歷之後，塵歸塵土歸土，扣子的歸扣子柚子的歸柚子，讓我做回自己。再一次，對命運心存感激。

導讀——看柚子如何剝柚子

這是一本與柚子有關的書。假設我們手拿一粒柚子，從外向裡，一層一層剝下來，會得到什麼？再試試一點一點釀下去，又會得到什麼？

通過釀造在講柚子，也是講那些引領變革的臺灣人。

有過幾年臺灣生活經歷之後，愛說「小小臺灣的價值，被我們低估了」。其實，小小柚子的價值也一樣。想實現柚子的價值，就要動手做。

開頭兩章，是動手料理柚子之前的準備階段。

第一章〈你犯了顛覆臺灣水果釀造罪〉，從將農業廢棄物端上餐桌到請人喝刷鍋水，講的是零廢棄無害生活，顛覆的是習慣的生活方式、也是權力系統對個人權利的剝奪。這種日常生活之中的革命，顛覆的不僅國家權力資本權力科學權力時尚文化權力，也還有我們頭腦之中自帶的警總。

第二章〈革命　其實是保命〉，從日本顛覆者、《恐怖的食品添加劑》作者安部司，說到愈來愈多的新生兒白血病，權力系統對權利的剝奪無處不在，生存危機之下，那些看似顛覆的活法，其實不是革命是保命。也順便扒一扒「科學」的畫皮，既怕權力耍流氓，更怕流氓有文化。

然後，就要動手剝柚子了。

第三章〈**準備好了麼**〉，柚子只有一粒，但能夠釀出很多種酒。能夠得到多少種酒，又取決於將柚子剝到多少層，進入釀造前的準備工作至關重要，從器具到刀法不厭其詳，因爲說到了消毒酒精和衛生紙，也就順便顚覆一下「消毒」和「衛生」。

第四章〈**活著的食物　活著的人**〉，前面擺出來的都是釀造之外的乾貨，終於進入柚子釀酒濕貨內容。講的次序由裡而外，最先出場的酒是柚籽酒，與它有關，最先出場的人物是湯平，這一節的技術要點，釀造內容與糖水的配比。

第五章〈**不成熟的美好花生醬&拒絕成熟的冷漬果醬**〉，先講美好花生的故事，看文青新農如何「在資本主義底下做社會主義的事情」，再講如何用柚子肉釀酒，但這一章的技術要點不是釀酒，而是冷漬果醬，這種活著的果醬、果醬裡的革命者。

第六章〈**你比阿美族還阿美族**〉，不要說，這一章裡出場的人物是阿美族人，和阿美人天人合一的活法，不只講怎麼用柚子隔膜釀酒，也不只講如何做冷漬果醬，技術要點還包括如何過濾無比細緻的冷漬果醬。

第七章〈**夠用就好**〉，出場人物是美滿蔬房的麗玲，看她如何打理絲瓜，最後才是柚綿釀酒，還說到了纖維素。這一章眞正的技術要點不是如何做怎麼吃，而是做錢的主人。

第八章〈**沒有最好只有更好**〉，出場人物是禮安，出場酒品是柚子皮酒。上一章的技術要點，是在錢面前成爲錢的主人，這一章側重是如何在生活之中成爲生活的主人。

第九章〈**你的餃子你做主**〉，柚子的用法不僅不止於釀出五種酒，還有相應的冷漬果醬，甚至也不止於柑橘餃子，這一章講到的技術細節太多，不僅包進來各種餃子，還包括柑橘類熱炙，其實，吃吃喝喝不僅包括了生活方式，也包進了——理想。

第十章〈**不可以說「不可以」**〉，答課問。幾乎所有的課程都會遇到一些共同問題，在此一併回覆。從我的一個教訓開頭講各種實踐經驗與教訓，全都是重點。

第十一章〈**不可不說的糖和脂肪**〉，回答與糖有關的永恆問題，其實是與糖有關的恐怖故事，是現代人在這樣的生存現狀之下的替代方案。技術要點是豆漿，與釀酒無關，是我送給讀者的療癒小零食。

後記〈**爲什麼是幸福？**〉，把後記專門拉出來介紹一下，是因爲寫這則後記時，面臨兩次選擇。先是在閉關寫作過程中選擇了這個用「幸福」貫穿全書的實踐，隨即在出關面對現實世界時，面對新冠肺炎瘟疫圍城，再一次選擇幸福。不論處境如何，都不能放棄創造幸福的願望和能力。

說來說去，這又是一本醉翁之意不在酒的釀酒書。

第一章

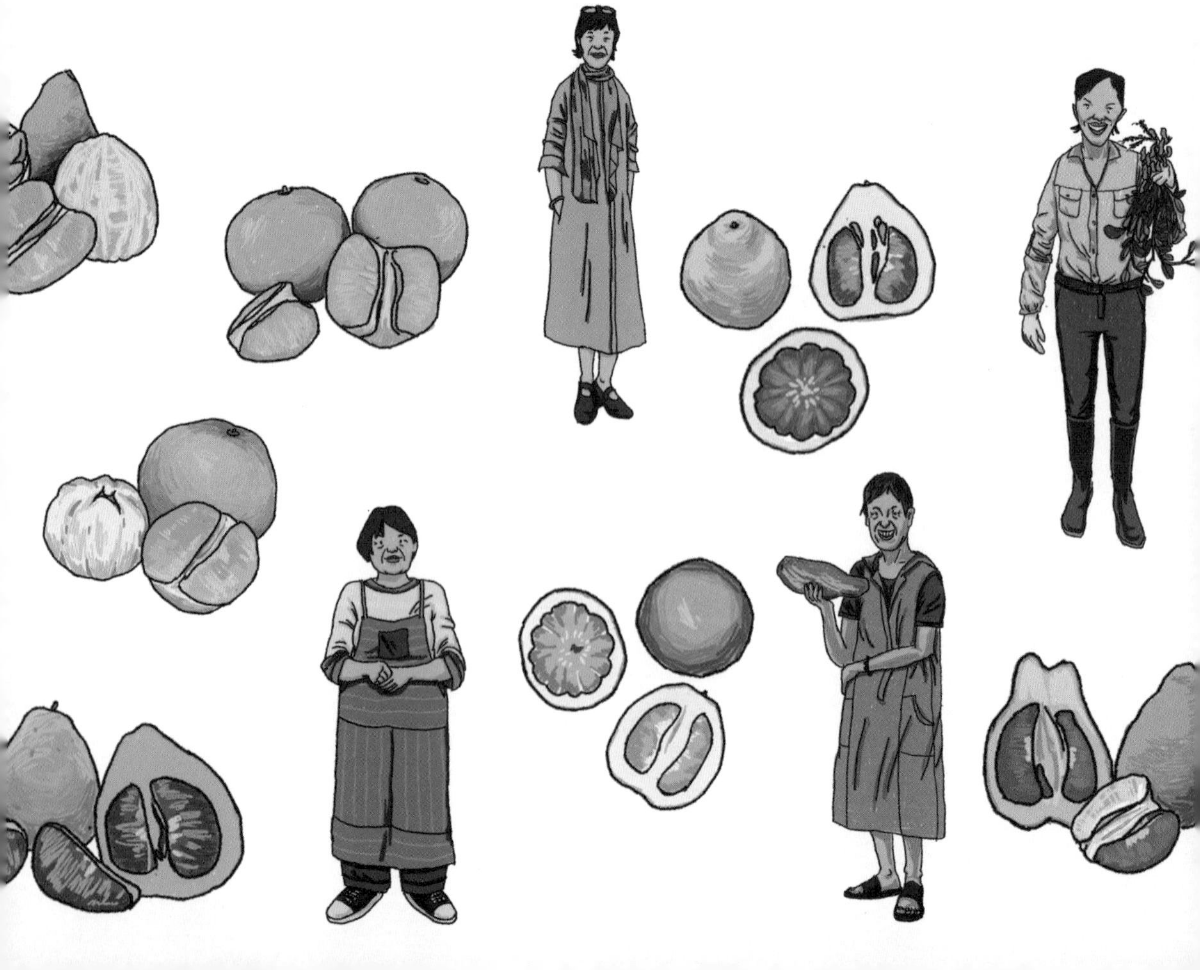

你犯了顛覆
臺灣水果釀造罪

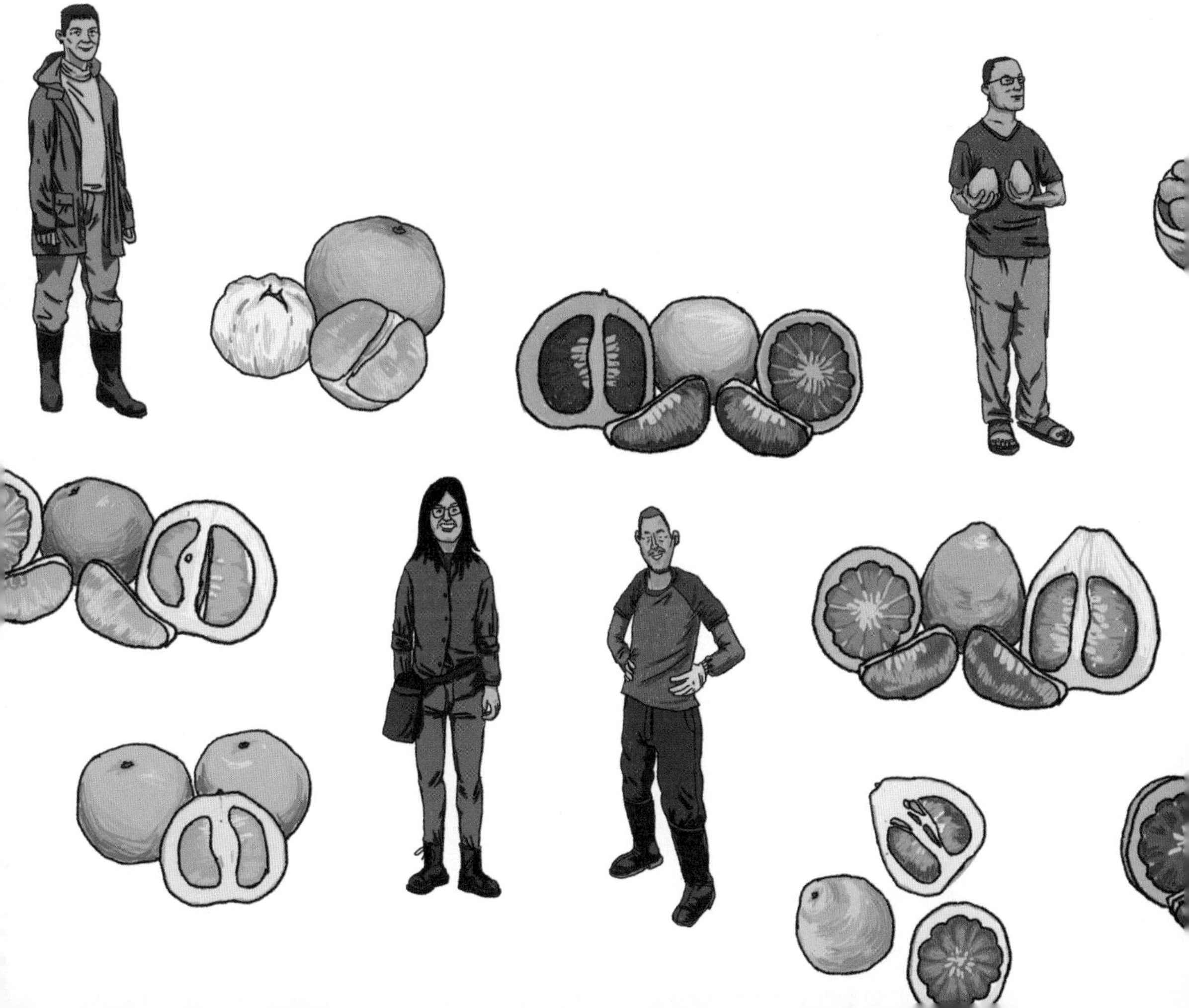

不管扣子還是柚子，不管別人叫我什麼，告別臺灣之前的行程，堪稱瘋狂。走到哪裡釀到哪裡，與酒友吃吃喝喝到哪裡，密不透風的行程載歌載舞，通往桃園機場，我的歸期。

這幫吃吃喝喝的朋友，軟硬兼施挽留我。最喜感的是那則臉書判決：「你犯了顛覆臺灣水果釀造罪，要判無期徒刑。」而且立卽有人跟風：「這是重罪，還要限制出境喔。」

交友不愼啊，哪壺不開提哪壺。

顚覆，也能隨便開我玩笑嗎？

不管是「顚覆」（顚覆國家政權），還是「山巔」（煽動顚覆），皆皆危乎高哉，小女子的腦袋，頂不起這樣的大帽子。

幾年前，這個罪名生生顚覆了我的人生。民間公益的路已經走了二十多年，爲人一世，一直期許自己能夠給這個世界留下一些有益的東西，確認找到了該做的事情，要一直走到地老天荒。

但是顚覆說來就來，告知此路不通，我的人生自此顚覆。在這條路上半輩子摔跤碰壁，千山萬水都過來了。但這一回，天命之年撞上了鐵板，「顚覆國家」不是開玩笑的罪名，這是不可抗力——老天爺，怎麼會有這麼鬼馬的天命？

遠走臺灣本爲找活路，半死不活拖著半條命，土地把我變成活龍一條，成爲農夫扣子，是被種田顚覆的人生。

顛覆釀酒　或被釀酒顛覆？

隨後的一切都自然而然。我宜蘭的農舍裡有個大廚房，暴殄天物是不對的，必須善加運用，不釀酒就怪了。作為一個惜物吃貨玩釀酒，不用農業廢棄物釀造就怪了⋯⋯但且慢，如此說來所謂「犯了顛覆臺灣水果釀造罪」其來有自，至少是顛覆了農業廢棄物的運行軌跡——原本隨手一丟，丟進垃圾的果皮果殼，被我撿回來、釀下去，釀來釀去，最後都被端上餐桌——垃圾變美味。

這麼玩，確實有點兒顛覆。

作為一個熱愛分享的惜物吃貨，這麼好玩的遊戲，不分享就怪了。農舍裡經常開的是流水席，被顛覆的不僅是垃圾桶，還有來客三觀。最愛做的遊戲是「猜猜看」，猜來猜去，杯中盤裡美味的謎底全都直追廚餘桶垃圾堆。如果這不算顛覆，那什麼才是顛覆？

後來發現，不獨是我愛顛覆，這種愛好具有毒品般的魅力，被顛覆的人往往一試成癮，試過一樣還想試另一樣，再次登門時都會先問有什麼新花樣。

這種對顛覆的喜愛還有病毒般的傳播力，不經意間不脛而走，上千人吃過我的東西，被我當成美食餵進去的，幾乎全都是農業廢棄物。

我顛覆釀酒、又用釀酒顛覆別人，也在這個過程中被他們的回饋顛覆。釀造課程是被需求推動出來的，相互需要、彼此顛覆。

居然給我們喝你的刷鍋水?!

顛覆誠然美味刺激，但不是人人都能接受。或者說，顛覆嘴巴容易，顛覆腦袋難。離別之際，匆忙搬家，不復擁有寬大廚房，曾經借農友的廚房做飯，在旁圍觀者大叫：「扣子姐！居然給我們喝你的刷鍋水？！」

有什麼大驚小怪？這位兄台至少在我家吃過幾十頓飯，那些美味湯品，幾乎都是我的刷鍋水。吃到嘴裡都叫好，怎麼看到眼裡就受不了？

喝刷鍋水？也太顛覆了吧。

看到這裡，估計讀者諸君會跟我的農友一樣受不了。那就讓我暫且擱置回憶，插入一段當下正在做的事。

當下此時，我在福建山區，一所廢棄的小學教室裡。

這裡不僅沒有寬大的廚房甚至根本就沒有廚房。不管在什麼地方，飯，總還是要吃的。趁這個雨後新晴陽光大好的正午，給自己備飯。

閉關寫字，不可能花太多時間吃吃喝喝，但是照樣能營養均衡又健康美味。

炊具有限，也不能怪條件克難，本來這裡就不是廚房。能用的調料，油鹽之外，只有大蒜，和一瓶醬油。在宜蘭，糖和鹽巴之外加工品一概免談，但這裡要什麼沒什麼只能權充，好在這是一瓶古法手工醬油。

萵苣含水量大，不能久留，要先吃，今天的主菜就是它啦，切絲備用。

電磁爐開最小火，打兩個蛋，熱鍋之後倒一點油，把碗裡的蛋液分批倒入，得薄蛋餅若干，也切絲備用。

蒜頭拍碎切細，加比剛才多一點的油，將大部分蒜末倒下小火翻炒，直到完全脫水，蒜末金黃酥脆，盛出裝瓶。

鍋中留有一點底油，再下蒜末小火翻炒，把剛剝下的一顆醜橘皮撕下一半，切到細細細細，也撒進鍋裡，蒜香之外，又添柑橘香。這一回不用炒到完全脫水，炒熟就好，把醬油倒下，燒開，關火，裝瓶。

這兩瓶寶貝，拌飯拌麵配湯調菜皆宜，是我未來餐桌上的滋味。

現在鍋裡，不僅有油和醬油，還有蒜香柑橘香，等鍋涼之後倒進半碗切細的萵苣絲轉幾下，不僅帶走了鍋裡的油鹽，也帶走了一部分香氣，與蛋餅絲一拌，就是我的菜。作爲一個素食者，營養配比色香味，該有的全有了。

然後加一碗水，大火燒開，手邊有什麼菜撒一點，就是今天中午的湯。如果想把配湯變主食，就下麵條；如果想香醇一些，就加一點剛炒出來的黃金蒜或者蒜香醬油；如果想增加蛋白質就打個蛋花——歐耶，這簡直就是一碗百寶湯。

親愛的讀者你有沒有發現，這就是我的刷鍋水呀！

爲什麼要喝刷鍋水？

萬事萬物，皆有因果，能讓刷鍋水好喝，要有吃貨天分，爲什麼要喝刷鍋水，要有吃貨的原因。

第一個原因是個性，我愛做飯，但不愛刷鍋洗碗。

第二個原因是身分，我是農民。不要以爲這個原因牽強，我說淸楚，就明白啦。

我在宜蘭當農民，租住的是農舍，農舍，就是建在農田裡的房舍。我家公車站名「水源地」，宜蘭水廠就在我們村，我的農舍裡有自來水，這個沒問題。問題是：汙水去哪裡了？

有人笑我白癡：笨蛋，下水道唄。

我的問題是：下水道通哪裡？

答案是：通農田。我的下水道出口通旁邊農田，租田農友夫妻是我的朋友，看到他們田裡漂油花，總是讓我不好意思。就算不是朋友的田，我讓田裡漂油花，都會不好意思——做了農夫就知道，田裡漂油多麼讓人抓狂。人同此心，我讓別人的田裡漂油花，多造孽。

身體健康需要油脂，作爲一個吃貨尤其知道油脂的重要，我家廚房又總是人滿爲患，如果能讓這樣的下水道不漂油花，是不是很顚覆？

吃貨的智慧是無窮的，只需略作規劃，把菜式配比營養味道和油脂總量計畫好，讓所有需要動用油鍋的樂章都用一鍋美味的湯結尾，這就不是一件不可能的事。

說到這裡也就順便解釋了：我爲什麼不愛在外面吃飯。不僅添加劑調料塊直追毒丸不健康，也不敢想餐館裡刷鍋洗碗油膩的水。

有人也許說沒關係餐館的下水道通往汙水廠去啦。但我們有沒有想過，汙水處理廠最終通往哪裡？最終還是要漂著油花通往土地江河。

其實不止於油花，現代人之於這個世界，就是這樣彼此污染彼此毒害，說到底，是在自己毒害自己。這好像已經成了現代人無解的宿命，有沒有顛覆的可能？

說實話這個是大哉問，我也不知道該怎麼回答。成爲農夫之後，我自己的做法是：先讓自己活得於環境無害。

第一步，個人生活垃圾歸零。下水道不漂油花、不用衛生紙，不產生塑膠垃圾。

不是愛顛覆，只被種田誤

如此說來，我所顛覆的，又豈止水果釀造？

不是愛顛覆，只被種田誤。

在我做農民之前，也環保，節約用水隨手關燈低碳減塑。但都是出於理念，看不到現實直觀的因果關係，用生命與土地對話的感受是無法代替的，眞實直接，勝過所有的理念理想和重要性。農友田裡漂的不是我廚房裡的油花，而是食物和土地的關係，是人的生命和天地迴圈的關係。

做農民不僅讓我直接看到危害，也有了實踐的機會。土地眞的是無價寶，健康無毒的土地和周邊友善種植的農友給我提供了健康的食物，可以放心安全從頭吃到尾一絲不剩，自然容易實現零垃圾。我不吃肉，所以不會有肉骨頭非丟不可，果肉吃掉、果皮釀酒，不宜釀酒的部位如蒂把和受傷結疤，拿來泡環保酵素，這是我家用的清潔劑。

用自製酵素做清潔劑有意外的好處，富貴手不藥而癒。各種洗潔精不僅有香精塑化劑危害環境，也有食具殘留會曲折入口，傷手，傷己，傷人。

如此生活受益不止於富貴手，全食物利用更容易攝取平衡營養，曾經吃過的鈣片維生素丸也免了，幾年沒吃一粒藥。

原來，這不是顚覆是順應，順應自然的活法，不是革命，是保命。

不是愛顚覆，似被前緣誤。

有人說現代社會就要向前看，農夫生活教會我向後看，也這算是一種顚覆吧。

汙水處理廠的設備再怎麼先進，也不如人體輪迴。我不愛洗鍋，自己喝的是刷鍋水、也讓客人喝我的刷鍋水，試圖讓必需的營養和錦上添花的美味盡數進入我們的身體，而不是漂著油花排進土地。爲人一世，就算不能爲這個世界做什麼有益的事情，至少也能減少對世界的汙染和損害。先讓自己活得於環境無害，再通過分享這種活法於社會有益。

釀酒，想說愛你不容易

不是愛顛覆，似被釀酒誤。

我不僅在村莊大釀其酒，也到處開課分享釀造心得。但在二〇一九年九月四日之前[1]，走到哪裡都面臨兩難。我必須承認是「含酒精飲料」，但又不能直接說這是酒。就連我的課程，也不說釀酒課，而是「釀造課[2]」。可以叫杯中尤物水果釀水果露，但不能叫水果酒。爲什麼？

因爲煙酒專賣，私釀違法。是的，我沒有寫錯，就算沒有售賣，私自釀酒，就違法啦。

如果敢說我的課程是釀酒課，講課的我和幫忙開課的朋友都有可能被舉發課罰。如果我們的課程資訊裡出現了「釀酒」二字，哇喔！有人專門在網上搜索「釀酒」關鍵字，搜到截圖就是證據，向有關部門舉報可以分一半罰金，有人專以此爲業。

誰才能合法釀酒呢？那些有酒牌的酒廠酒商。

怎麼才能得到這個酒牌呢？要有專門的廠房、有相當規模，最重要的是，還要向國家申請許可——要用錢買。

這讓人萬般不解，釀酒的來路，都源出一場誤會，不管是東方酒神杜康還是西方酒

注 1：根據《菸酒管理法》第四十五條規定，過去產製私酒若未超過一百公升，且不收費、自用，就不違法，但若有收費，就會被認定是製造私酒，可處新台幣五萬元以上、一百萬元以下罰鍰，若查獲私酒價值龐大，還可加重處罰。

注 2：財政部於二〇〇八年發布台庫五字第 09700249600 號函，特別針對「釀酒課程」發布一個函釋，說這樣不算「僅供自用」。財政部認爲，開設釀酒課程，是對學員收受費用，並讓學員在課程結束後能將酒品帶走，構成一種「對價關係」，因此不算是自用。除非這個釀酒課程眞的「純技術」且「不收費」，例如由學員自帶原料來，老師也不收學費，最後學員再把酒品帶走，這樣才算是自用。

神狄俄尼索斯，都一樣。釀造技藝幾千年代代相傳，就像燒水煮飯蒸饅頭烤麵包一樣，釀造也是在自己家裡隨便搞，工具五花八門手法無奇不有，怎麼有了「法律規定」，就違法了呢？

二〇一九年九月四日，行政院釋法網開一面，只要不是釀酒銷售，可以開釀酒課[3]，但我還是要再三再四提醒學員，如果有人問你有沒有釀酒，你可以回答有，但最多只能說釀了四點九公升，甚至四點九九公升都可以，但一定不能說五公升——還是法律規定，在家釀酒超過五公升，哈！那可又違法啦。

這個法律怎麼來的？國家訂的。

那麼國家怎麼來的？是人們需要有個國家機器保障權利，所以才讓渡自己的一部分權利接受國家，而且事先說好，國家權力只管國不管家，風能進雨能進國王不能進，但是現在，國家權力已經管到了廚房裡，連酒杯和嘴巴也要管起來。不僅有國家權力、經濟員警，還有網路學報無處不在，總而言之是要把這些權利收歸國有、收歸錢有。

嘴巴裡的警總和頭腦裡的警總

且不說國家權力和資本權力勾勾搭搭說不清理還亂的那些糟心事，還是專心釀酒專心吃吃喝喝吧。

注 3：財政部於當日發出解釋令，針對製酒教學活動的業者，其學辦課程、活動的規定放寬，只要符合不以產製酒品爲目的、每位學員製酒數量未逾五公升，以及酒品由學員自行帶回、及過程中未使用私酒等四大條件，就不違反菸酒管理法，沒有違法問題。

那麼，你學過食品專業嗎？有證照嗎？有資格嗎？

這一回，問話的不是國家權力也不是資本權力，還不是準備學報我的熱心線民，而是我的同學好朋友。

沒有沒有都沒有。

我就是一個愛玩的吃貨，一個用家庭廚房養大了孩子的媽媽，這些都不經專業訓練不必資格考試，一半靠天賦一半靠努力，人類千百萬年就是這樣活下來的，怎麼忽如一夜春風來，居然你邊吃邊問這些事？

朋友憂心忡忡：你不巴氏殺菌強調活菌，微生物形形色色，有害有益都有可能存在，你有沒有做過檢驗分析基因測序？有害菌怎麼辦？細菌是有可能污染變異的，污染變異怎麼辦？釀造是複合發酵過程，甲乙丙丁各種醇類都有可能產生，甲醇有害怎麼辦？……

我知道朋友問的有道理，他學的是食品專業，做的是衛生檢驗工作，但恰恰是因爲他有道理，反而讓我疑惑。

他的顧慮通向了這樣的建議：科學不是兒戲，品質保證還是要專業設備大廠品牌。

我講科學是外行，但給他講了一個韓國科學家的故事，如何動用國家級研究專案花費上億，通過研究證實「壞掉」的韓國泡菜上面的「白黴」其實是一些可食的小微生物菌塊。我覺得科學研究要做的就是這樣的事，有問題，用科學知識解答，比如確認黃麴黴致癌，告訴大家土豆發芽不可以吃、花生發黴不能吃，但是泡菜上的白斑無害有益，但吃無妨。

說到底，科學家該做的就是：還知識於大衆、還權利於廚房。

從原始人類學習使用火開始了加工食物的歷史，都是家庭廚房自己動手、菌種代代相傳，怎麼到了現代化的教育系統裡，都成了問題？而且無法在自家廚房解決，似乎只有放到現代化的食品加工廠和化學實驗室裡才行？

國家權力、資本權力、科學權力無所不在，現代人活得太詭異，家庭廚房裡的那點權利，不僅要被收歸國有、收歸錢有，還有可能收歸知識所有。

總統是靠不住的，那麼科學呢？

一直有人奇怪我無知者無畏，對「科學」缺乏敬意。

確實我不懂科學，我的學校教育最高學歷是高中畢業，不僅從事公益活動社會觀察是在摔跤碰壁的人生經歷中土法煉鋼，作爲吃貨吃吃喝喝也都是自學成柴。對必須的科學知識，我會認眞學習，但對於某種「科學」和某些「科學家」，一直缺乏敬意。特別是，一旦發現了國家權力、資本權力與科學權力之間勾勾搭搭的貓膩，就不得不加以警惕。

美國政府權威發布的《美國人飲食指南》，一聽感覺就不錯吧？一九六一年第一次發布，重點：鑒於心臟病對美國人民的危害日益嚴重，提醒公衆爲了生命安全減少飽和脂肪攝入。

黨和國家關心屁民健康，怎麼聽怎麼暖心。關心國民的小心靈沒有錯，但只說脂肪沒說糖，明明是犯罪團夥集體作案，怎麼硬是把並列冠軍悄悄保護起來一個？

必須交待一下這個溫馨提示的背景是，一九五五年總統艾森豪因爲心臟病曠工六周舉國關注，五十年代心臟病是美國頭號殺手不得不防，而美國科學家研究證實，飽和脂肪是罪魁禍首。在這樣的科學研究和這個生活指南的引導下，一九六五到二〇一六年，美國人的脂肪攝入量減少了二五%。五十年後美國人民怎麼樣呢？心臟病還是主要殺手，而且肥胖和糖尿病急起直追，也是樣樣取人性命，致病元兇，就是那個——甜蜜的糖。

不是我瞎說，證據請見二〇一六年九月十二日，《美國臨床營養學期刊》。這個學術刊物，揭開一個跨世紀的科學騙局。

美國政府的指南把心臟病因歸於脂肪，是糖業集團與科學家攜手製造的一個「重大成果」。明尼蘇達大學有位頗負盛譽的營養學教授安塞爾・凱斯（Ancel Keys），一九五六年發表著名的「七國研究」，特別提醒：這是正經科學家發表的正式論文。科研資料表明，脂肪是心臟病元兇。但是，這位科學家沒有說，他的研究，其實是對二十二個國家實行了民衆採樣，爲什麼最後發表的論文是「七國研究」呢？因爲他丟掉了不利於這個結論的十五個國家，而且，硬是從一萬兩千七百十人調查樣本中，只挑選了四九九個對他有利的證據。

這位科學家爲什麼這麼做呢?因爲、因爲、因爲，重要的事情說三遍：科學家拿錢造假拿錢造假拿錢造假——拿了美國糖業協會的錢。

美國糖業協會（Sugar Association）曾名 Suger Research Foundation，所以又有另外一種譯法是美國糖業研究基金會，想知道更多敬請自行查詢，出資方都是與糖有關的企業。當其時也，心臟來勢洶洶，科學研究正在追緝兇手，如果糖被拉出示衆，那讓錢程似錦的糖業老闆情何以堪?他們需要科學研究告訴美國人民：心臟病的眞正元兇不是糖。

上帝說，要有光，於是有了光，這一回，錢是那個上帝。有錢能買鬼推磨，這一回，科學就是那個鬼。而且而且而且，這麼做的科學家不獨安塞爾・凱斯一個，揣著明白裝糊塗的大有其人。一九六七年，哈佛大學的三位教授在世界頂級醫學期刊《新英格蘭醫學雜誌》發表觀點相同的論文，同樣還是拿了糖業協會的錢。三人成虎啊，知道糖業協會收買這三位科學家的價碼是多少嗎?每人六千五百美元——爲了一點小錢出賣耶穌算什麼，他們是爲了這點小錢可以出賣所有人。

這樣的科學和科學家，能讓人尊敬嗎?

只有打破對科學和科學家的盲目崇拜，保持清醒頭腦，才有可能不被權力系統玩弄，甚至，如果你有心情的話，還可以換一種角度，看權力系統如何表演。

爲什麼謀財與害命連袂出現？

「私煙入手，健康出走，私酒入口，生命失守」。上一本書特別說到了這條曾經在宜蘭通往花蓮的火車上看到的宣傳品，恫之以生死誘之以巨賞，做狀公正科學關心大衆健康，那種假模假式的裝逼風範，讓人忍俊不禁。

後來又在高雄捷運看到了巨大幅更新換代版本，更專業更有設計感，規模更大更有說服力——哇靠，只要不被找上門來尋釁，好愛看權力系統裝逼呀。

明明是權力在剝奪權利，還是要做公正科學狀，做「關心你的健康」狀。好萌好好玩。

順便說一嘴，知道美國的科學權力和國家權力是如何一起裝逼的嗎？

上一節說到了三位爲了一點小錢出賣人類健康的哈佛教授，其中有兩位赫赫有名的大人物。一位是哈佛公共衛生學院營養系的創始人史達爾博士（Frederick Stare），曾推動過規律運動、氟化水等公共衛生策略。另一位梅格斯提（D.Mark Hegsted），曾任了美國農業部人類營養部的行政官，前面說的美國第一份膳食指南，就是由他起草的——想想這個鏈條，讓人笑也笑屎了。

有句老話「謀財害命」，爲什麼謀財與害命連袂出現？這個西方案例就完美詮釋古老的東方成語，可見權力系統今中外都一樣。資本權力爲了謀財收買科學權力，那些科學家明明清楚吃糖害命，依然揣著明白裝糊塗公然造假，爲了錢包要人性命。謀財害命的「科學家」與資本權力聯手出擊，長袖善舞舞「科學研究」於掌股間，可憐我們，被玩死都不知道怎麼死的。

我與科學家的恩怨情仇，我可不是不論青紅皂白逢科學必反，但是，一旦科學成爲科學權力，特別是與國家權力和資本權力勾勾搭搭，目標直接間接地指向我的錢包我的智商和我廚房裡那點小小權利，那就不得不提高警覺。

當然科學家並不都是安塞爾・凱斯這一款，當時他就有個死對頭，英國的約翰・尤德金（John Yudkin）[4]就發佈：心臟病的發病率與糖消費量的相關性比脂肪要高（現在事實也證實無誤），並著書立說直指這個世紀謊言。

但是結果怎麼樣呢？挺糖派和安塞爾・凱斯圍追堵截，甚至惡人告狀抹黑尤德金收了肉奶企業回扣。這位曾是英國首席科學家的老兄聲名狼藉，贊助商收回承諾不支持他的學術會議，研究期刊不發表他的論文，研究機構不邀請他參加學術研討，被英國製糖局批評「太過感情用事」，他的書被喻爲「科幻小說」……而安塞爾・凱斯呢，一生風光平安到老，還於一九六一年登上了《時代週刊》雜誌封面。有照片爲證，一路帥一生主流。可見不僅科學和科學家靠不住，帥哥與《時代週刊》也一樣啊。

與糖有關的案例，是國家權力被資本權力和科學權力聯手蒙蔽，但在圍剿家庭廚房「私釀」的問題上，卻是國家權力與資本權力齊力得金，科學協力與時尚文化權力爲虎作倀。

注4：尤德金著有《純淨、潔白且致命：糖是如何殺死我們的以及我們能做些什麼來阻止它》（*Pure, White and Deadly : How Sugar Is Killing Us and What We Can Do to Stop It*）。

關於時尚權力，我們下一章再說。

顛覆？或者反轉？

科學家造假開啓了人類低脂生活時代，同時也是工業化食品加工業發展黃金時代，看看五百強裡那些食品企業的發展軌跡就知道了。科學家如此講，國家如此要求，廣告業也一致宣揚，消費者被美味的「低脂」食品牽著走。有沒有想過這些東西的美味是怎麼來的？企業順水推舟額外加入更多的糖彌補脂肪缺失的口感，悄悄引領人類進入低脂高糖普遍肥胖和糖尿病高發新時代。

權力系統在謀財、也是在害命，我們的權利想活下來，不顛覆，能行嗎？

如果說回到家庭廚房自己動手就是顛覆，那沒辦法，這已是現代人的宿命，爲了保命，不得不爲。

現代科學技術發展到今天，從假器官到呼吸器到心律調整器，人身上愈來愈多的功能可以外力介入取而代之，但是，只有吃，還得我們親自動口。不要以爲，吃，只是一家一戶一人一口小事情，查查世界五百強企業有多少與吃有關，就知道這裡有多大的利益，就知道那個謀財害命的羅網，何至於那麼高端大氣上檔次，又這般細緻綿密無微不至。

你自有權有錢有「科學」，但我躲進廚房自求多福好不好？這樣對我當然好，但對權力系統則未必，資本權力永遠一往情深愛著我們的錢包，會舉系統之力動用各種洗腦手段無所不用其極，一開始是它們告訴我們這樣不好，等到我們自己也認爲這樣不好，那就大功告成。

柚子在正式進入柚子料理環節之前先說這些，不是我與權力系統私人恩怨，而是爲保人人皆有的個人權利，這是公共利益。

回歸家庭廚房自己動手很重要，回歸個人權利自己動腦同樣重要。我們在權力系統重重包圍之下已經夠可憐了，不能再加一個自我剝奪，要儘量保住自己薄薄的錢包和智商。人固有一死，死於跑步死於登山都是積德修來的福報，被權力系統玩弄至死那可不是。

當然我知道，朋友的擔心不是特例，教育使然，也是我們作爲現代人接受現代科學教育形成的誤區。就算沒有法律規定、國家審查、也沒有截圖舉報，但我們自己心中有警總，嘴巴裡也有個警總。我們學習科學知識、利用網路科技，是爲了保持頭腦淸楚明智判斷。如果我們受到的教育不能讓我們運用科學知識自我解放自我賦權，而是自我剝奪自我監禁，那麼，這樣的教育就應該被顚覆。

我的專業：去專業化

如果非說這就是顛覆，其實我只不過捅破了那張窗戶紙，把被國家權力收歸國有，和被資本權力收歸錢有的權利，通過自己動手又拿了回來。

當食物加工、家庭廚房的釀造，諸如此類與生命相關的生活權力，都被國家權力資本權力和科學權力日益專業化，並以此爲由收歸國有收歸錢有收歸科學所有，作爲我們村莊的釀酒師傅，如果一定要說我有什麼專業的話，那麼，我的專業，就是去專業化——把被權力系統以專業之名據爲己有的權力，再奪回來。

當權力系統對個人權利的剝奪，已經細緻入微到我們生命中的細枝末節無孔不入，你想保有自己的權利，就不得不顛覆。或者，有個更準確的說法，是反轉。

我不CARE權力，對權力無感，所以權力系統不必操心我是不是想顛覆誰。而且實話實說，我對於權力的畏懼是雙重的，既畏懼權力系統對我的權利的剝奪，也畏懼自己成爲權威，佔領話語權力剝奪他人。

我無意顛覆，只圖自救。村莊釀酒師傅釀造果皮消解垃圾，也是在消解權力，消解權力系統對自己的剝奪。所圖無他，只是保全自己。

第二章

革命，其實是保命

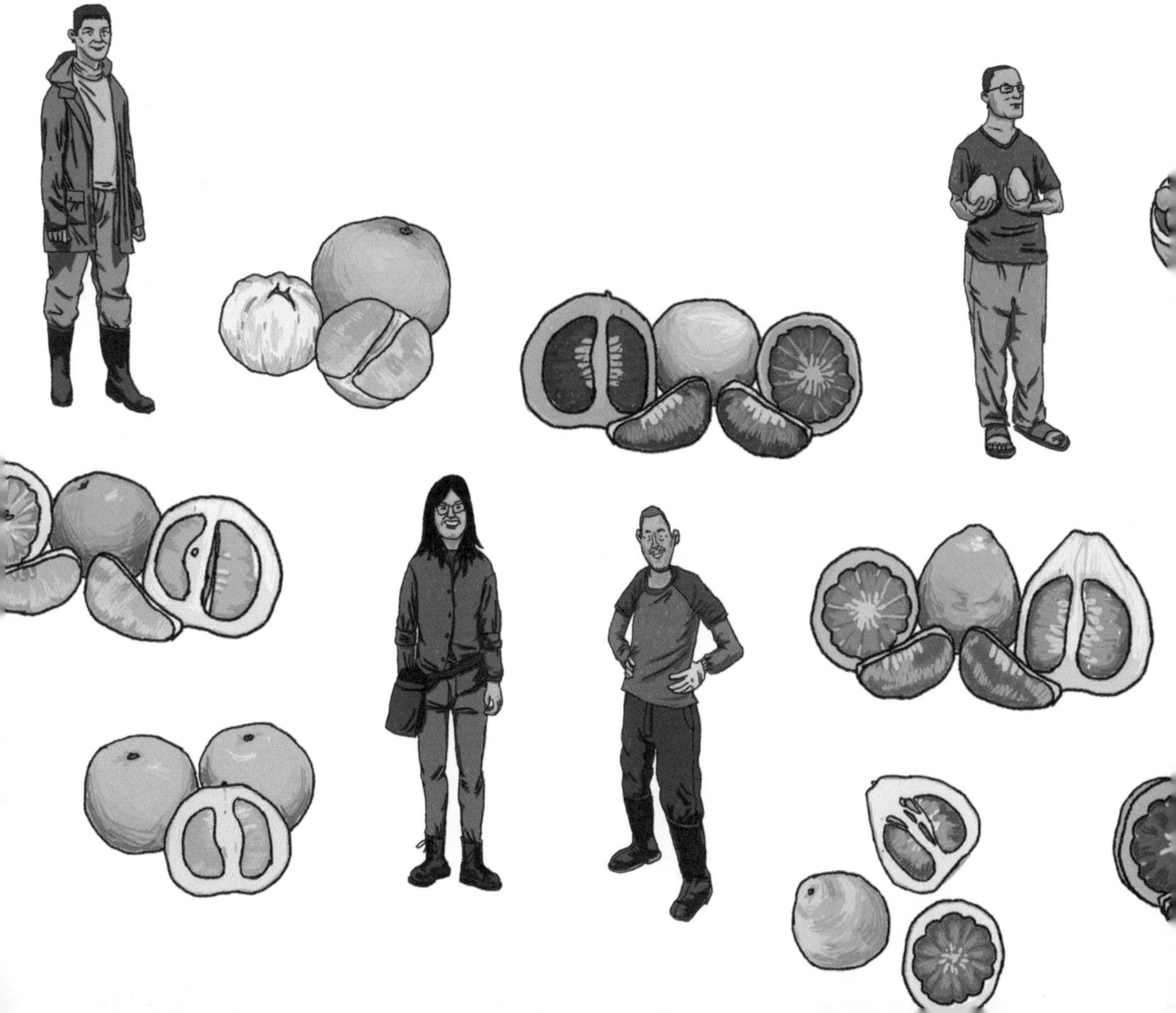

「大家好！爲了今天的聚會，我特別做了一些準備，帶來很多別緻的禮物，大家不要客氣儘管吃。這是珊瑚紅、這是檸檬黃、這是落日黃、這是焦糖色、這是赤蘚紅，這是谷氨酸鈉、這是乙醯化雙澱粉己二酸酯，這是冰乙酸，這是苯甲酸鈉，這是黃原膠，這是二氧化硫，這是……不用擔心，這都是在符合國家標準的食品添加劑商店裡買來的，不論香精、色素、還是防腐劑，都是符合統一標準的食品添加物……」

如果課程這麼開頭，不等我說完，下面人就跑掉一半，另外一半會跑上來砸場子，搞不好連我自己也會被順便砸掉。

事實上，我的開場一般是這樣的：「大家好！爲了今天的聚會，我特別帶來了自己親手釀造的美酒。使用當地小農的友善果品，無化肥、無農藥，我在製作過程中不添加任何化學成分。現在出現在大家面前的這幾種酒呢，來自友善種植的果農ＯＯ……」

這是我出外開課時的開場白，如果在我自己的廚房裡，就沒那麼多廢話直接上酒，我有取之不竭喝之不盡的美酒，沒有最後一瓶，永遠都是「還有一瓶」，人生有酒須盡歡，先征服他們的嘴巴再說，哪有時間廢話。

專門報出果農的名字，一則讓杯中美酒履歷清晰可以直追產地，二則也有廣告作用，希望學員成爲友善小農的客戶。

酒也好冷漬果醬也罷還有千奇百怪的創意料理，不論吃到多少味道，我所用到的只有鹽和糖。絕無添加，絕無過度加工。

我不僅保證絕無添加，也保證無肥無藥友善有機，還保證好吃，如果沒有這三個自信，就算借我一個膽子，也不敢在臺灣這種小確幸密集、講究天然美味的地方混啊。

食品添加劑之神VS．起底添加劑大神

不是所有的人都像我這樣小心翼翼，有位日本老兄，就猛太多。

他進場就在桌上大擺瓶瓶罐罐，全是各種各樣的食品添加劑。

只是他比我狡滑很多，不在開頭說破謎底，而是笑容可掬先問來聽課的人喜歡喝什麼飲料。然後他就開始現場製作，從這個瓶子裡倒這個，從那個瓶子裡倒那個，七七八八一大堆，搖一搖晃一晃，請人試喝：「是不是你熟悉的口感與味道？」

是啊是啊，下面一片點頭如搗蒜。這種結果是肯定的，因爲臺上這位是大腕，曾是著名添加劑企業的明星員工，是一個能夠把各種添加劑用到出神入化的「添加劑之神」——他，就是《恐怖的食品添加劑》一書的作者安部司。他現在的身分是專門的食安講師，專講食品添加劑的危害。二〇〇五年這本書在日本上市第一周，就賣掉了一萬多本。要知道，全日本只有區區一億多人。現在我手裡的這本從臺灣買來、二〇一三年的繁體中文本，已是第二十一次印刷。

從添加劑之神，到起底添加劑大神，什麼顚覆了安部司的人生？

改變發生在他女兒三歲那一年。安部司是日本的企業戰士，爲工作廢寢忘食不顧家的那種人，那天爲了女兒過生日例外請假回來一起吃飯。進門勃然色變衝太太就吼：「爲什麼給孩子買這種東西？」

他指的是桌上的一盤肉丸。妻子不解：「孩子喜歡吃啊。這種肉丸又好吃又便宜，孩子喜歡，媽媽們也都喜歡。」

這盤肉丸，就是安部司的傑作。說他是「添加劑之神」不是蓋的，有眞才實學，傑作之一，就是用肉類加工廠棄之不用的牛肉邊角廢料做成了這盤肉丸，加這樣改變肉質，加那樣去味，加這種提香，加那種增色，活學活用各種添加劑，總共動用三十多種添加，終於變廢爲寶。這個物美價廉的肉丸不僅給添加劑公司帶來大量業績，也讓加工廠大賺其錢，蓋起了一棟新大樓——但是，他沒有想到，最終流向了自家餐桌，進到他心愛的女兒口中。

他比世界上任何人都清楚這盤肉丸裡有什麼，怎麼能讓孩子吃？當然他能保證肉丸裡的每一種添加劑都不超標都在安全範圍以內，但是裡面幾十種添加物協同作戰，再強悍的人體代謝系統也必敗無疑，如此配比與總量對身體機能尚在發育之中的孩子意味著什麼？沒有人比安部司更毛骨悚然。

與其說安部司是被添加劑顚覆的人生，不如說，是被人類愛子本能、被人性顚覆更準確。

人愛其子，也由己愛人。安部司從公司辭職，變身食品安全老師。

是誰宰了你？我的小錢包

安部司的絕活，是用一堆瓶瓶罐罐顛覆聽衆的三觀。我沒有安部司的身手，我的絕活是借助網路以毒攻毒，沒有那樣的豪華道具，但不愁手邊沒有教材，我的反面教員俯拾皆是。一般課程開始之前都會先放一段網上的廣告片，精緻時尚美侖美奐的保健品廣告。

一對時尚男女面對一桌佳餚，葷素搭配，擺盤漂亮，即將開動。但是且慢，有一位潮妹出現，溫馨提示，飯菜要先過安檢，對不起我說錯，不是安檢而是營養檢驗，紅燈亮起。畫外音出現「你以爲吃得夠健康，其實營養不達標」。那怎麼辦呢？進入廣告正題：「OO紐O萊，萃取蔬果精華……」三盒藥片被潮妹隆重推出，營養檢查順利通過。開飯之前，先抓藥盒……時尚文化引領話語，也是權力。這廣告給人的感覺：只有這麼吃才夠健康，只要活成這樣人生才有品質。

說來眞稀奇，人吃五穀雜糧自然蔬果居然營養不達標，必須要像吃藥一樣吃「蔬果精華」（這「蔬果精華」，不就是被我們扔進垃圾桶的果皮嗎？）。幸虧那些五穀雜糧自然蔬果不會說話，不然，一定會告「OO紐O萊」損害名譽——要往自己臉上貼金可以，不要抹黑我先。

眞讓人搞不懂，在「OO紐O萊」之前，人類是怎麼活下來的。這架式，不僅要掏空我們的錢包，也是在掏空大腦，讓人交智商稅。

我今年五十幾歲，我這一代人，是經歷巨變的一代。中國也罷，臺灣也好，生活巨變都是五十年內發生的。我在小城出生長大，記憶中小城過的也是農業社會的生活，走路二十分鐘就能看到麥田。我們家五個孩子都在長身體，糧食永遠不夠吃，去市場買回來的一般都是眞正的糧食，原粒的玉米和小麥。那時候小城到處都有碾子、磨坊，現在看到石碾石磨，忍不住上去推一把，但我小時候推碾推磨那是噩夢。

那時候吃的都是全麥粉，就盼著過年過節能有精製麵粉，因爲精粉稀有，只能包餃子捨不得用來蒸饅頭。如果哪天吃到白麵饅頭（平時吃的全麥饅頭叫「黑麵饅頭」，顏色接近牛皮紙），就要拿出去邊走邊吃——秀給四鄰看。

後來我們的生活從農業社會一步跨入現代，碾子磨坊不見了，商店裡麵包粉鬆餅粉高筋中筋低筋應有盡有，也不用盼著過年才能吃精粉，不論產地不論品牌全都是精製麵粉。而且這種麵粉不會壞，有的保質期甚至長達兩年。爲什麼？有添加。現在的麵粉，都比當年的精粉還要白。爲什麼？除了精製去麩皮之外，還是添加。

我們只知道精粉好吃，沒在意去掉的是什麼。精粉是小麥的胚乳部分，被去掉的是胚乳、糊粉層、穀胚，這麼說好像沒什麼感覺，那就直接說營養成分，是維他命B群，膳食纖維和礦物質。可能這麼說也還沒什麼感覺，膳食纖維以後再講，那就說維他命B群缺乏會導致什麼後果吧——潰瘍——人進口和出口的潰瘍，再具體一點吧，就是口腔潰瘍和痔瘡。說起來這都不是什麼要命的病，但都難受得要命。是病就要治，治病就要吃藥，除了吃藥，還可以吃保健品，聽說有個神乎其神的小麥胚芽粉特別有效……且慢，請問：知道這個小麥胚芽粉是什麼東東嗎？

就是精製麵粉去掉的那些「廢物」呀。有沒有覺得我們就像是磨道裡的驢，被人蒙了眼睛拴在那裡打轉轉，轉來轉去轉不出資本權力的錢眼。

我們先爲精製麵粉付高價錢，再爲小麥胚芽粉付高價錢——付出的不僅是錢包和健康，還有智商。當然不管怎麼著，保證都說得好聽，這次是爲了你的美味，那頭是爲了你的健康，總之都是爲你好——資本權力有科學權力時尚文化權力助陣又有國家權力產業許可，說什麼是什麼。

這一切都爲你好，怎麼做都有科學背書言之鑿鑿。權力系統裝逼擊節，可憐我們掏錢起舞。走進商場，看上去我們拿錢選東西有權選擇，但只是在不同品牌價位產地之間的選擇，都是被大同小異的權力轉著圈圈變著法子剝奪。提供給我們精製麵粉的，是工業化加工、全球化銷售的食品業，提供給我們保健品的，也是工業化加工、全球化銷售的保健品業（有興趣的讀者可以自己查一查這兩類企業之間有無關係），總之都是資本權力。被剝奪的，不僅是我們的錢包和健康和智商，還有我們的知情權選擇權，我們的食物主權。另外一個我經常提醒大家的：細讀保健品成分表，動動腦筋想一想，除了標榜的人體必須的微量元素，另外的那一堆配料，是不是必須，與安部司防之唯恐不及的寶貝有沒有重疊？

就怕權力有文化

在臺灣我上網，是刷臉書，總會遇到各式各樣的廣告。如今我上不了臉書，上網刷微信也一樣，同樣每天被迫觀賞權力系統裝逼。有人每天早晨一條「O樂家」廣告，「兒童二十四小時生活手冊」、「O樂家女士二十四小時生活手冊」、「O樂家男士二十四小時生活手冊」，男女老幼全方位覆蓋零死角。

今天的例行播放是女士裝，從早起洗漱化妝到臨睡前喝他們的飲料以及一瓶薰衣草精油香氛，一共出現了五十四個瓶瓶罐罐和盒子。理想主義我見過，只是沒見理想到這種程度，不分男女老幼，每一種人的二十四小時，從剛一起床到進入夢鄉，每一個時刻都得排到滿，硬是要把每一個人生命中的每一秒鐘都變成他們的搖錢樹。

他們的兒童裝也一概配套，沐浴露、洗髮水和身體乳液同時出現。人類的皮膚表面有自然溢出的油脂自我保護，世上本無事，可怕的是人先用飽含香精色素塑化劑的沐浴露把保護層洗掉，再塗一層同樣飽含香精色素塑化劑的身體乳液……單是這麼一想就讓人渾身刺癢。我因爲皮膚敏感無福消受任何化妝品，哪兒用哪兒癢，不敢想像這些東西同時招呼到孩子的嫩皮膚上會怎樣，我兒子小的時候只用清水洗乾淨就好。

細看他們的分項內容，同樣時尚美好專業權威，每一種東西都會從人的生命需求講起，用科學告訴你缺了這樣東西多麼可怕，再講他們的產品有多好多好多麼好……眞的流氓不可怕，就怕流氓有文化，本來資本氣焰沖天有錢就是有權已經夠可怕了，又加上時尚文化保駕，更可怕的保駕護航的隊伍裡還有科學。

可笑的是，這些權力系統裡理想主義者濟濟一堂。從廚房到嘴巴、從錢包到大腦，就連你睡著了想做個夢，都要有他們的精油香氛才行……。

權力系統談理想與耍流氓長天一色，在「ＯＯ關心的健康」招牌之下科學與文化齊飛，要想在這樣的圍追堵截裡活出自己，不顚覆，能行嗎？

今天你吃了嗎？

在我的課程中，經常會問到場的朋友「你吃了嗎？」接下來會問「吃了什麼？」如果是外食外賣，那麼「恭喜！你中招了。」因爲你剛剛享受了埃及法老的待遇，只不過，幾千年前，那些個防腐劑是在法老王死後享用，現在我們把這個時間大大提前了。

我不是嚇唬他們，恐嚇犯法，犯法的事我不幹。我會讓他們自己看自己數。課堂上數不完回去繼續，一個一個數下來還有一個家庭作業是查查那些東西對人體的作用，然後再動一動我們的小腦筋，想一想這些東西對我們的健康營養是否必需，如果不是，爲什麼要加？是爲了幫忙我們還是爲了幫忙企業賺錢？

我的反面教材，都是上網順手拈來。「ＯＯＯ雞腿飯，ＯＯＯ吃一餐就爆表」。當然會吸引我們繼續看看便利超商還有什麼寶貝。我不吃肉，跳過牛肉麵豬肉水餃，那就看看蒸蛋吧。正好網站上茶碗蒸促銷，第二件七折。那好，看看裡面有什麼。

如果我們自己在家裡做蒸蛋，用到的原料有幾種？——蛋、水、鹽。

但是便利超商的茶碗蒸裡有多少東西？我用官網上的放大照片，讓大家自己去數成分表，除了蛋水和鹽之外，我數到了四十幾種。

於是有人開我玩笑，問我怕不怕被萊Ｏ富便利超商追殺，我說自己馬上就要回大陸了，不想成爲連鎖超商跨海追殺第一人，所以不敢揪住一個不放，就又衝進了旁邊的小七以示公平。臺灣消費者常買小七海苔三角飯團，那麼，請看這裡都是有什麼……。

我只負責把照片貼出來，學員們一邊數我一邊感慨：眞是買到賺到，只花一粒飯糰的錢，同時收到幾十種寶貝。

另外我常問人有沒有隨身帶零食，請他們自己念成分表，然後，再用手機上網查那些添加劑，對誰有益對誰有害，敬請自己琢磨。

我還要問一問，有沒有注意到一個有趣的現象：一旦發生食安問題引發大衆恐惶，維穩隊伍裡都會有「科學知識」衝鋒陷陣。總會有「科學家」拿出科學資料，言之鑿鑿，告訴你不必害怕，只要這個寶貝不高於 OO，我們的肝臟完全可以代謝。

是啊是啊，不論北中南東，所有的學員都連連點頭。

當然科學家有科學依據，但只是說了一部分實話和一部分科學依據。他們沒有說，這樣的實驗室資料是一個眞空資料，假設我們像生活在眞空裡的小白老鼠一樣，我們的肝臟，只需開足馬力消解這一樣添加物。但是他沒有告訴我們，就像權力是一個系統一樣，這些添加物也有一個組合軍團，而我們的肝臟只有一個，我們的小命，只有一條。從南京到北京，買的沒有賣的精，從臺北，到東北西北蘇北華北，爲什麼科學只揀對資本權力對國家權力一致有益於維穩的話來說？沒有答案，需要我們自己用腦子去想。

用自己的腦子，做出什麼樣的選擇？

自然蔬果「營養不達標」要靠「OO紐O萊」，爲精製麵粉高價買單的同時，再爲維他命和小麥胚芽粉買單，這裡面有多麼可笑又可悲的悖論。聽說，在傳銷和網路詐騙團夥裡，對受害下線的稱呼，是「羊」和「豬」。對那些權力系統來說，我們也一樣。

那麼，我們怎麼辦？

如果我推出一系列藥片藥水，請人品嘗檸檬黃、落日黃、二氧化硫，肯定沒人捧場，但是有沒有想過，當你端起一杯葡萄酒或者別的什麼飲料，當你吃各種零食糕點外賣速食，送到嘴中的，恰恰就是這些東西呢？

在日本，有被一粒肉丸顛覆的安部司，在北京，有位被嫩肉粉顛覆的燒烤店老闆[1]，再老的肉，只消用上嫩肉粉，保證好吃不塞牙。

「能把牛肉腐蝕成那樣，吃到胃裡，你的胃不也給腐蝕了嗎？」老闆上網給自己科普了一把，發現木瓜蛋白酶擅長溶解肉類蛋白纖維，牛肉羊肉是，人肉似乎也是。他先是掐了掐面前的老牛肉，又想想自己肚子裡的小腸胃，果斷做出決定——不是寫了《恐怖的嫩肉粉，燒烤不可不知的秘密》變成中國的安部司——而是戒絕燒烤：「我自從開飯店以後都不敢吃烤牛肉、烤羊肉串了」。這樣的高人大隱於市到處都是，也許你在燒烤攤上就能碰到。

當我們在餐館裡，不假思索地把濃油重醬添加劑塞進嘴巴，當我們在超市，把成分不明的工業化食品加工廠的製成品放入購物袋，最終也塞進我們的嘴巴，有沒有想過，我們的身體，實際上已經變成了權力系統的競技場。

我怕人們以此放棄自己家庭廚房，將一日三餐都委諸他人。更怕我們不僅對這樣的生活方式習以爲常，還會自覺地用這樣的標準這樣的邏輯去要求他人，那麼我們的腦袋，也變成了權力系統的跑馬場。

注 1：嫩肉粉的成分，是木瓜蛋白酶＋澱粉＋鹽＋亞硝酸鹽。

生命危機臨頭，我們做何選擇？

在我的課堂上還會秀一張圖，是一位英國的白血病專家。他注意到特定城市特定區域新生兒白血病率高到可怕，都是現代化中心城市裡、昂貴私立醫院出生、住在衛生條件極好的高品質社區，經過研究發現，發病原因是他們的生活環境太乾淨了。因爲人的免疫系統是在與細菌互動的過程中發育成長的，但這樣環境裡出生長大孩子沒有得到應有的機會，免疫系統動輒爆表。

我以爲，在有了這樣的發現之後，會建議不必讓我們的孩子活太「乾淨」，不妨接近自然接觸泥土與那些「不乾淨」的東西。但不是的，科學家開出的辦法是，他發明了一種類似優格的飲料，稱之爲「益生菌雞尾酒」，由幾種細菌組合而成……」

聽到這裡我的學員都笑了，但是，那些孩子的父母，怕是笑不出來吧。

我上本書名《親自活著》，不是貧嘴，對現代人，已是不容迴避的生存問題。

我們若不自己動手親自活著，就是把生命安全交給了權力系統。

此情此境之中的現代人，說顛覆也罷、革命也好，其實不過是保命。

第三章

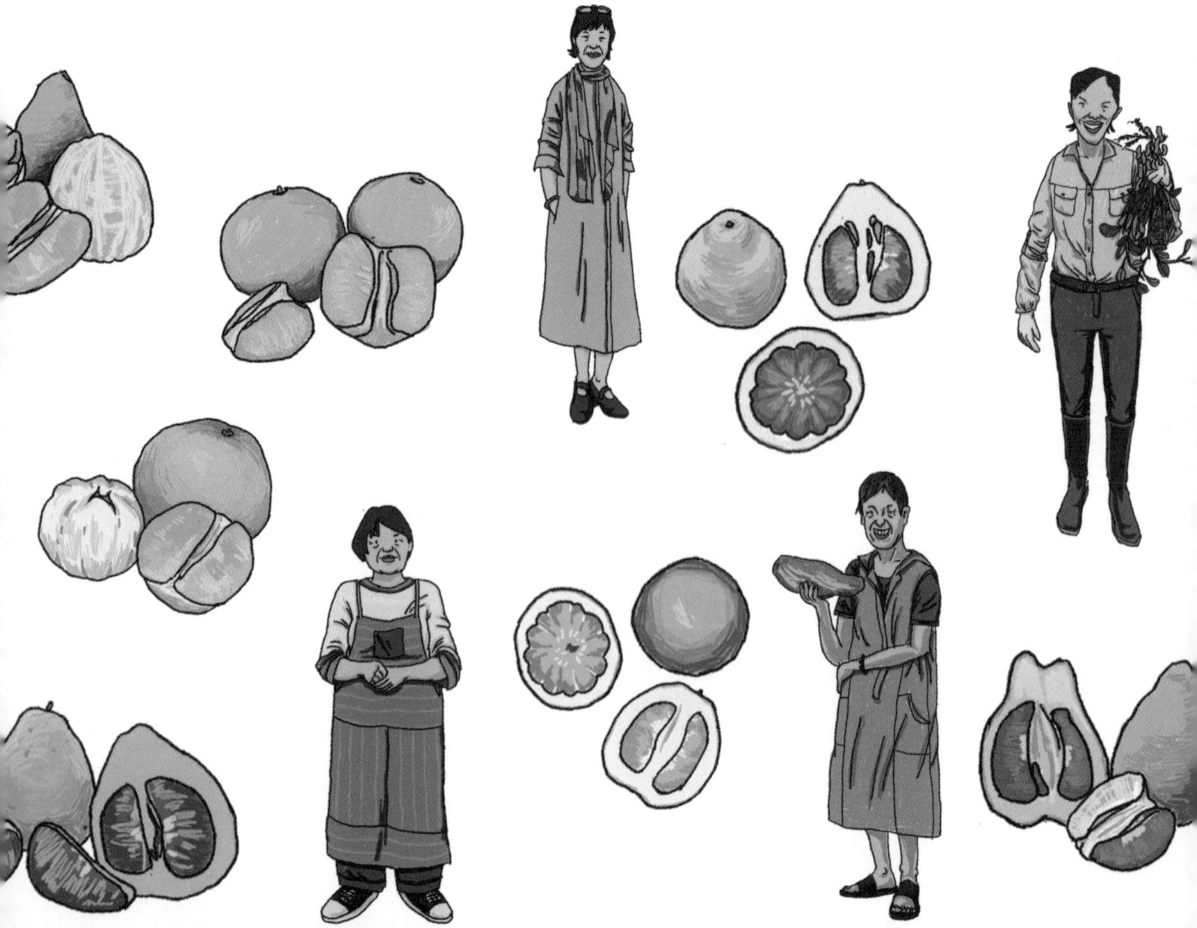

準備
好了麼？

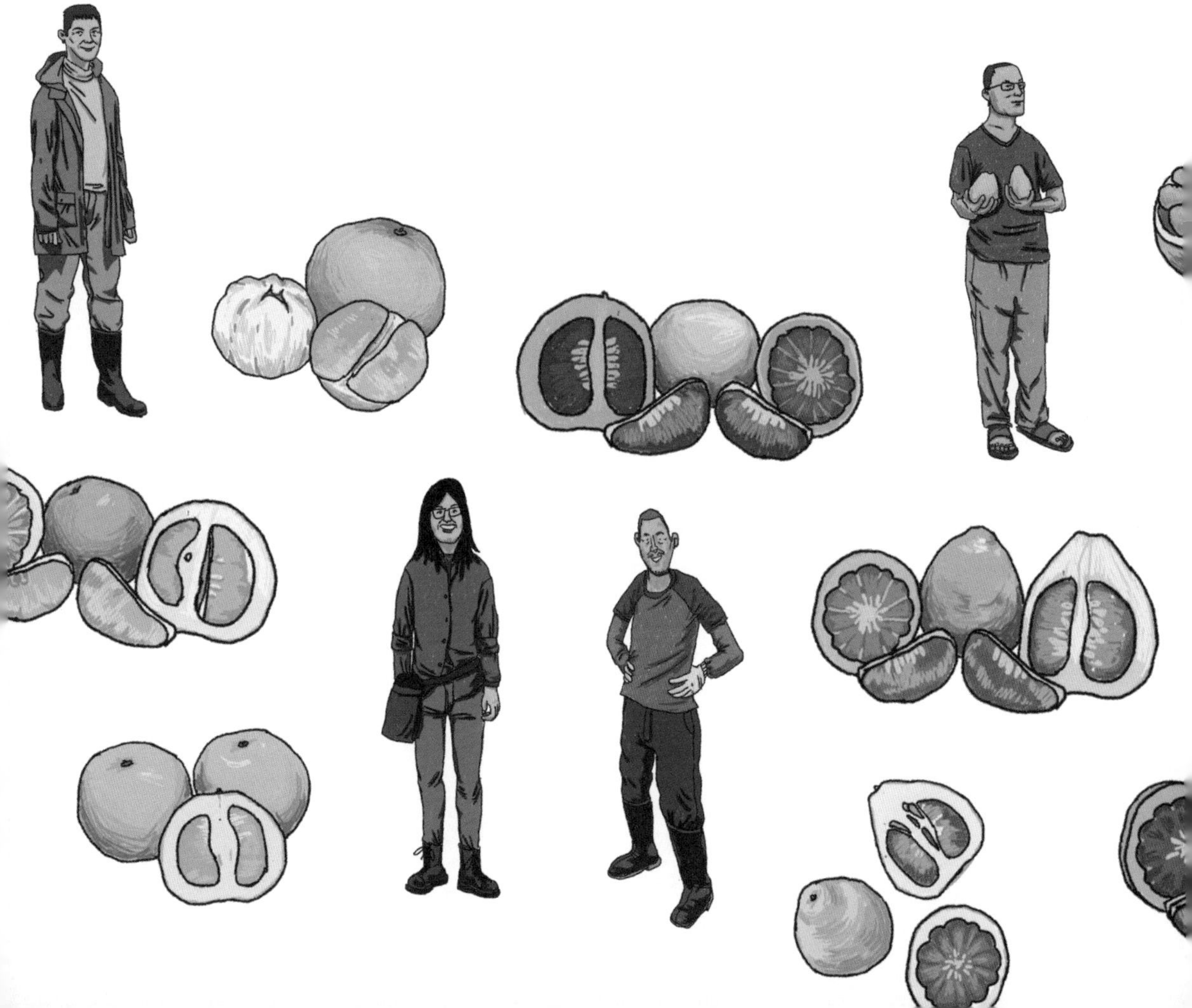

前面又是顛覆又是革命的，一聽讓人好怕怕，其實不過保命而已。

想保命、想吃得安全健康，權力系統是靠不住的，只有靠自己。我們自己動手，就從柚子開始。扣子要與柚子地老天荒，扣子和柚子，都準備好了麼？

感恩農友，先我之前在這片土地上耕耘多年，友善種植的柚子充足供應，應有盡有。

至於扣子的準備工作，則要看場合。

先準備刀具。如果是外出授課長途奔波，除了吃的美味不能不帶，其他儘量輕裝，隨身攜帶的只有一柄小刀，一切從簡。在我自己家裡，就會鋪張一點，打理柚子用到的刀具，至少三種：刮皮刀、鋒利廚刀、輕薄鋸齒刀。（作者按：沒有齊備的工具，照樣能把柚子剝到同等品質，只是花費時間多一些。）再準備容器，釀柚子酒，要準備五種容器，至少四種。原因下一章會講到，在此跳過。

如果好友佩茹在，肯定一聽就抓狂：爲什麼這麼多？我崇尚簡單生活只用一個大缸不行嗎？

不行！釀柚子酒只用一個大缸，那是張飛的釀法。大刀揮落，將柚子大塊切開，大桶釀下——一堆柚子，得一種酒。

這樣的做法，不是簡單是簡陋。這麼釀，味道好喝與否姑且不論，至少辜負了柚子辛辛苦苦準備的那麼多層衣服。我要把柚子的每一層衣服，都變成一樣美酒。柚子剝出來的每一層，都可以用來釀酒。把柚子分成多少層，決定了我們能得到多少種酒。

在臺灣，中秋期間多是文旦柚和蜜柚，中秋過後相繼上市的，是紅柚、晚白柚、西施柚。不論哪一種，處理手法相同。

首先要面對的，是柚子的外衣。給柚子脫外衣的時候，建議使用刮皮刀。如果是處理剛剛摘下來的柚子（一般以中秋節前大量湧來的文旦柚居多），沒有辭水，刮皮刀過處，飽含精油的汁水噴到手腕，皮膚會很刺痛，建議戴長筒膠手套，覺到痛再防護就晚了。當然戴手套影響手感也影響工作效率，另外我也理解很多人對橡膠和塑膠製品的抵觸，替代方案是在手腕上纏防護。二〇一九年中秋季節，在處理瑤鈴大量文旦柚的時候，我在手腕上纏了魔術頭巾，不僅起到防護作用，頭巾在很長時間裡都很香。

章末圖解採用我的習慣用法，直接出處理細節，不講爲什麼。大部分原因，在此後的製作階段，會自然顯現，或者，到了具體的章節，再做解釋。各位讀者可以移駕到五六頁，一起動手做做。

一粒柚子能釀幾種酒，不是張飛說了算，也不是扣子說了算，要看釀酒人自己。我們願意花多少時間在柚子身上，決定了得到多少美酒。這樣也不是把時間花給柚子啦，說到根本，是花在了自己的生命本身。

時間要浪費在値得的事情上

好了，當柚子的五個部位都已經準備停當，要進入下一個環節啦。

有人也許有意見：這樣準備太麻煩了，有沒有簡便做法？

一定會有，歡迎嘗試，並期待分享嘗試經驗。但是，許多時候，錯誤的嘗試會讓自己死得很慘，不是我危言聳聽，而是有太多酒淋淋的教訓。

某次，有學員將酒釀下之後興沖沖來報：「剝來剝去太浪費時間了，我放進料理機打成泥再釀酒，可以直接得到果醬和酒。」

我一聽就哭了：「想想清楚，你要清澈的酒還是濃稠的粥，這樣濾酒的時候會死很慘。」

我一粒柚子可以得到至少四種口味不同的酒和四種冷漬果醬，而他得到的是一鍋糨糊。且不說如此混釀味道何等不堪入口，更恐怖的是釀造完成之後，酒粕都漂在上面而酒則潛伏不露。我只須打開釀造桶用漏勺一撈分分鐘搞定濾酒大業，而他想把上面那層糨糊取出來見到下面的酒，姑且不說難度，所花的時間會大於削水果時間的平方……。

人總是要死的，但不能死在糨糊裡，時間就是用來浪費的，但不應該浪費到濾酒上……。

說到了濾酒，索性再講一個眞實的故事。二〇一八年我剛搬家到村莊，有幾罐釀造中的酒留在臺北，請一位喜愛我的美酒的朋友去自取自濾。很快傳來消息：「過濾那幾瓶酒花我們兩個小時，而且弄得滿身滿地都是。這才知道你的酒來得多不容易，一定要珍惜。」

雖說時間就是用來浪費的，但也要浪費在值得的事情上。教育笨朋友學習珍惜當然重要，但不如輕鬆搞定，然後蹺腳曬太陽更重要些。

實話實說我也不是一開始就能輕鬆搞定的，接下來我會在釀造和冷漬果醬的過程中提到很多操作細節，都是一個惜物吃貨多年實做積累的經驗教訓，讓我們大可不必在那些不必要的事情上浪費時間。插播內容至此結束，下面交代釀造手法。

釀水果酒，說複雜也複雜，說簡單也簡單，在上一本釀酒書裡，我說過，如果要來上釀酒課的話，只要記住一個數字「二十五」，就可以下課回家了。釀酒，是在細菌的作用下，將兩個糖分子轉化成一個乙醇。那麼，釀酒菌最喜歡的工作環境是怎樣的呢？一言概之，二十五——二十五度糖度＋二十五度溫度。如果再做一點解釋的話，糖度是：釀造容器裡的水果＋水＋糖的綜合糖度。溫度是，攝氏二十五度。

這個原則，通用於接下來的全部內容。

「你忘記了消毒殺菌！」

且慢，有人跳出來提問題：「你忘記了消毒殺菌！」

不是忘記，而是我根本不做。

在我學習釀酒的時候，有專業博士學位的老師要求我們「七五％酒精隨伺在側，隨時給手和容器消毒」。我會很認眞地洗手洗容器，但不會用酒精消毒，而且必須實話實說，我根本就沒有消毒專用的七五％酒精。

釀酒要用的水果和容器，用流動的水清洗，釀酒要用的手，肥皂＋水就好了，不做外科手術，犯不上用無菌標準給手消毒。而且我認爲，動輒給手殺菌根本就是個僞概念。

說到這裡順便說一句，那些號稱殺菌效果如何高人一等的肥皂香皂洗手液也都是僞概念。想給手徹底殺菌，就算是伸到沸騰的開水裡煮成豬手也沒用，因爲煮過的手是天然優質培養基，而空氣中有無窮無盡的細菌，從開水裡提出來的同時，立即破功。

細菌無處不在，不管我們是不是願意，都必須與之共處。以我有限的科學知識，人類皮膚表面每平方公分就有十萬個細菌，皮膚表面的細菌是人類體表的第一道屏障，人的手是一個與細菌共生的系統，有一個常駐的「皮膚正常微生物群」（作者按：功能爲：營養作用、協助皮膚生理功能發揮、免疫作用、自淨作用。想知道更多敬請自行上網查詢）。對付妨礙健康和影響釀酒的「髒東西」，清水肥皂就ＯＫ啦。

人的生命離不開細菌，沒必要無事生非斬盡殺絕，其實也沒可能斬盡殺絕，就算人死了，那些細菌還會活著。但是，如果在我們還活著時做過頭就會清潔反被清潔誤，過度清潔有可能導致皮膚、粘膜受損，引發疾病，不要怪我沒有提醒你喔。

所以，是不是準備酒精，以及是不是買廣告上的香皂洗手液，敬請自己決定。

我也不給水果殺菌，因爲殺過了馬上還要把它們泡到菌水裡——我們釀酒，就是把水果交給細菌，這個接下來會講到。

既然說到了這一節，就把「衛生紙是不是衛生」也順便說一嘴。

我受阿寶（宜蘭女農）啓發不用衛生紙很久了，不僅大大降低垃圾產出，也覺得自己衛生多了。我不多說，只想請你上網查一查衛生紙的製造與成分，一看衛生紙本身是不是衛生，二看衛生紙製作過程中用到哪些化學成分，再想想：用這些東西接觸人體敏感部位衛生嗎？除了衛生紙，還有各種各樣的「衛生濕巾」是不是衛生，也請順便查一查：用來直接擦水果食物是不是衛生。經常看到父母用這類東西給孩子滿手滿臉擦，是不是衛生敬請自行查詢。

最後附贈一段實話實說：

當年一邊環島趴趴走，一邊釀酒，沒有那麼多工具，只有隨身攜帶的一把小刀，釀酒的容器，就是寶特瓶。爲了節省重量我連牙刷柄都剁掉一半，但爲了釀酒，胸前背後掛滿了沉甸甸的水瓶。講這個不是爲了證明我的背負力強，而是說明：刀具不重要、容器也不重要，只要想釀酒，所有的困難都不是困難。

動手做做

扒開一層層柚子外衣

第一層——先用刮皮刀，將富含精油質的外衣刮下。

第二層——是厚厚的柚子綿。柚子雖然是熱帶水果，但給自己穿了一層厚棉衣。我換鋒利廚刀，將柚子的厚棉衣一片一片削下。

請注意我用到的數量詞，一片一片，而不是一整片。還請注意我用到的動詞：「削」。想剝出均勻的薄片，就不要急於整個剝下，而是要在這個棉衣還穿在柚子身上的時候，動用細緻刀功削至儘量薄。

剛剛摘下來的柚綿質密扎實，水分多，容易削出形狀漂亮厚薄均勻的片，辭水後像棉花一樣不好切。此情此境之下，建議跟柚子妥協，不必考驗自己的刀功，也可以整個剝下來——放心，也有辦法用起來。

第三層——柚子的緊身內衣，隔膜。給柚子脫內衣是個功夫活，將柚肉從緊緊包裹的半透明緊身衣中解放出來，比較考驗耐心。剝得少了還好，一旦面對成盆成麻袋的柚子，經常有人在這個環節罷工。

剝柚子隔膜的竅門有二：一則要對自己曉之以理，我們的生命就是用來浪費的，要浪費在值得的事情上，包括爲自己釀一堆美酒；二則要對柚子動之以刀，先把柚子大塊分成三至四份，再把排列在一起的柚芯中間部分切掉，剝柚膜難，主要難在找突破口，這樣輕輕一刀下去劃開柚膜嚴密防線，再剝就會事倍功半。

第四層——柚子肉。吃過柚子的都知道，柚子好吃皮難剝，想吃到完整漂亮的柚肉要費一點功夫。但我們釀酒不必太過在意形狀，只要把柚肉與隔膜分開就好，就算你剝得再完整漂亮，釀造階段都還是要搗碎的。所以，釀酒時候剝柚子肉，剝淨加快，就夠了。

第五層——吃柚子的時候，遇到籽多的柚子，會覺得自己運氣不好，在我的釀酒課上，經常會說的是：如果你運氣好的話遇到一粒有籽的柚子，得到的酒就可以多一些。詳細內容容我後述。

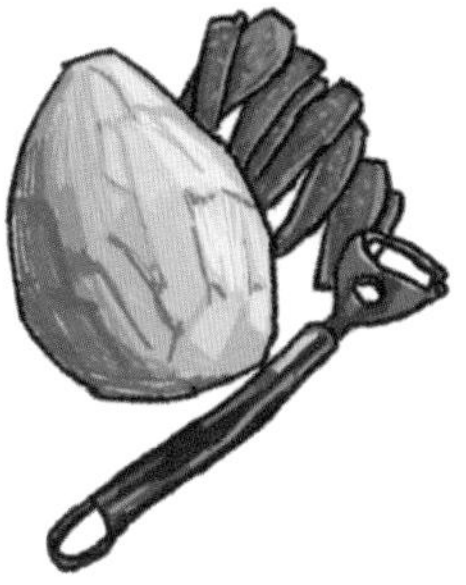

第一層，先用刮皮刀，將富含精油質的外衣刮下

第二層，是厚厚的柚子綿
將柚子的厚綿衣一片一片削下

第三層，柚子的緊身內衣，隔膜
先把柚子大塊分成三至四份，
再把排列在一起的柚芯中間部分切掉
輕輕一刀下去劃開柚膜嚴密防線，
再剝就會事半功倍。

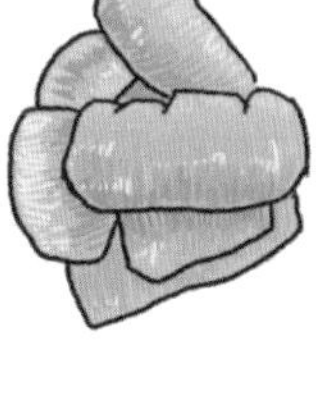

第四層，柚子肉，不必太過在意形狀
只要把柚肉與隔膜分開就好

第五層，柚米子

動手做做

釀造方法詳細說明

步驟一　調製糖水，糖要用白砂糖，對糖的更多解讀請參見本書第一五八頁。調製糖水可以採用重量比也可以採體積比。體積比又可以有兩種簡便方法，一種是在透明直身瓶裡，先放入占高度三分之一的白砂糖，再裝滿水。另一種是一杯糖，配三杯水。

步驟二　調整水果糖度，最簡便的做法，可以加入一大匙糖，均勻地撒在置入瓶內的果皮上，以保持糖度佔比例的二十五 %；精確點也可上網搜尋「水果糖度表」，按水果種類不同調整糖度。

步驟三　不同水果不同部位比例略有不同，詳見具體章節，一般建議果肉：糖水 =4：6。

步驟四　加酒引的作用是在釀酒環境裡引入優勢菌種，可以是正在發酵中的水果酒、冷漬果醬、或者澄清再濾時粘稠的渣渣（一般情況我捨不得酒與冷漬果醬，都用渣渣當酒引），也可以是市售水果酒釀酒酵母（你的用量總重爲 1000 克：酵母 0.5 克）；還可以用市售麵包酵母（用量爲總重 1000 克：酵母 1 克）。麵包酵母也適用於水果酒釀造，因爲麵包酵母是複合酵母，其中含可以吃糖產出乙醇的釀酒菌，總量加倍，可以讓釀酒菌達到適宜的濃度。

步驟五　釀酒菌的工作環境，除了兩個二十五，還喜酸，一般來說，除了酸度較高的橙、鳳梨、杏子、洛神之外都可以加檸檬汁，一般是每一千毫升加一滴檸檬汁，不僅提高酸度，還可以增加檸檬香氣。當然，水果、糖水本身已經是酸性，也可以不加。

步驟六　釀酒過程中產氣，所以不建議封死，特別是玻璃瓶，封口過死會爆炸。但又不能不蓋，雜菌長驅直入會被汙染。釀酒過程前期有氧發酵後期無氧發酵，蓋蓋是必要的，只要不大力封死就可以了。一般塑膠瓶蓋的玻璃廣口瓶本身不會太密封，可以放心旋緊無妨，但這種帶膠圈的密封瓶，建議在釀造過程中取下膠圈，這一類可以旋緊的馬口鐵瓶蓋，要旋死之後再向後迴旋一下，以免氣爆。

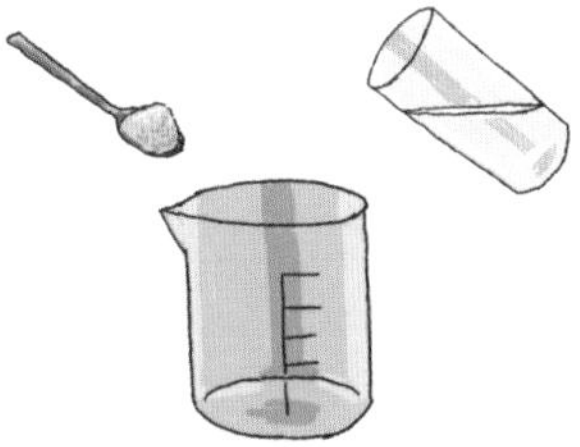

步驟一，先調製25%糖水備用

步驟二，將水果放入容器
加入一大匙糖，均勻地撒在材料上

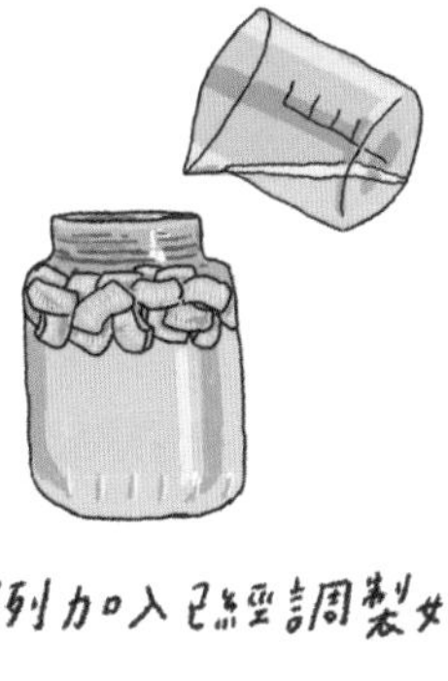

步驟三，按比例加入已經調製好的糖水

步驟四，加酒引（或酵母）

步驟五，加檸檬汁

步驟六，封口

Q & A

Q：釀酒需要多長時間？

A：一般釀造時間爲七天。以攝氏二十五度爲標準溫度，溫度低會長一些，溫度高短一些。建議每天搖動一至兩次，因爲釀造過程中水果會浮上來，暴露在空氣中的部分更容易被雜菌污染，讓酒液沒過水果不僅可以避免汙染，還能讓發酵更充分。當然也必須實話實說，我經常釀下去就沒管過，七天後回來濾酒，照樣也能得到美酒。

Q：如何確定可以濾酒了？

A：每個人都可以善用自帶工具確定過濾時間。這工具不是酒度儀也不是糖度儀，而是自己隨身攜帶的鼻子和嘴巴。先打開蓋子聞，有酒香，說明釀酒菌一直在勤勤懇懇工作沒有偷懶，也說明沒有被雜菌汙染；再用嘴巴嘗，甜度降低，說明我們加進去的糖已經被轉化。大家可以按自己的喜好決定過濾時間，我自己的習慣是在稍稍偏甜一點的火候過濾，因爲過濾之後靜置回熟期間還有發酵作用，剩餘糖分還會繼續被消耗。

Q：到了七天不過濾，繼續釀能不能得到度數更高的酒？

A：一般不會。釀造過程中液體裡的糖被釀酒菌不斷消耗，一旦糖度低於七%，就進入了醋酸桿菌的防區，如果我們再不濾酒，就開始釀醋。而且，醋酸桿菌還有一個厲害之處不得不防：在將液體裡的糖分吃光之後，還會順便將裡面的乙醇再還原爲糖。也就是說，一旦醋酸桿菌神威發動開始釀醋，這個過程就是不可逆的。所以，到時不濾等等看，得到的一定不會是更濃的酒，而是更濃的醋——愛吃醋的同學不妨等等看。

Q：過濾出來的酒就可以喝了嗎？

A：總有心急的小夥伴這麼問。當然可以，只要沒毒的東西任何時候都可以喝，但是，剛剛過濾出來的酒不是足夠好喝，一則還需要時間回熟醇化，二則，這時候的酒液也不夠澄澈，不夠美。建議濾酒之後放入冰箱低溫靜置，一到兩周再做一次分離，最上層有可能有一點浮沫，要撇掉，中間是澄清的美酒要好生收存，酒中的絮狀沉澱都在下層，有點糊糊的境界，雖然也有酒香和酒的度數，我一般不會請人喝，最常見的用途是做酒引，還有就是可以用於調西式沙拉拌中式涼菜，包肉餃子時攪在肉餡裡一些些可以軟化肉質，如果你們開發出了新的用法拜託分享給我。最後倒空之後，如果瓶底還留有一層白白的東西一般是礦物質沉澱，我不要。

這樣二次過濾之後的酒賣相已經漂亮多了，當然也可以喝，但是最好不要急猴猴地立即開趴請人喝酒。因爲這些酒裡還藏著一個小秘密，就是，如果繼續回熟四到六周，味道可能會更好——不要怪我沒告訴你喔。

Q：我們的酒，是不是愈陳愈香呢？

A：當然我理解總有沉得住氣的小夥伴期待地久天長，但必須說明，愈陳愈香有時間限制。一般來說，從釀酒的那一天開始算，在兩個月之後六個月之內是這樣的。因爲我們釀的是活菌酒，而任何有生命的東西都是有壽限的，所以，不建議長時間保存。

附贈彩蛋

台灣柚子家族 柚子種類圖

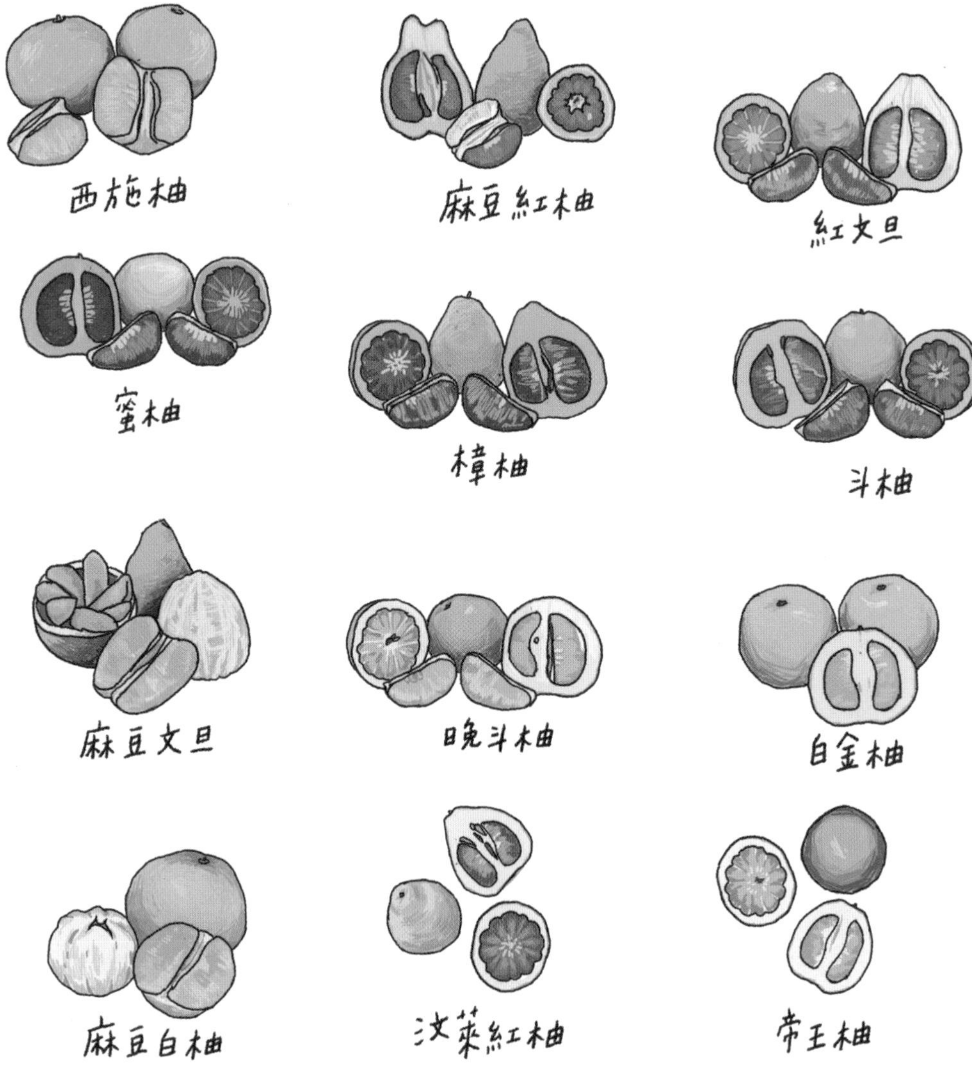

第四章

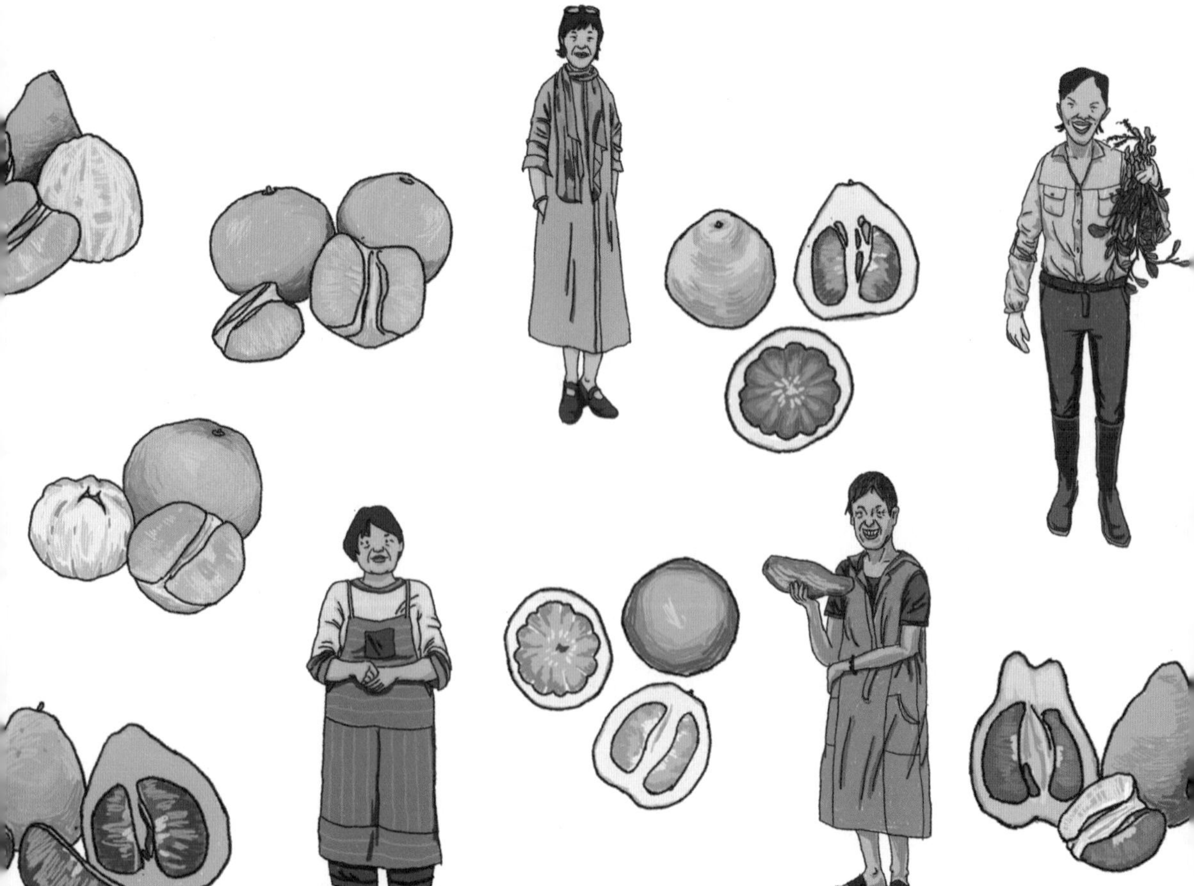

活著的食物、活著的人

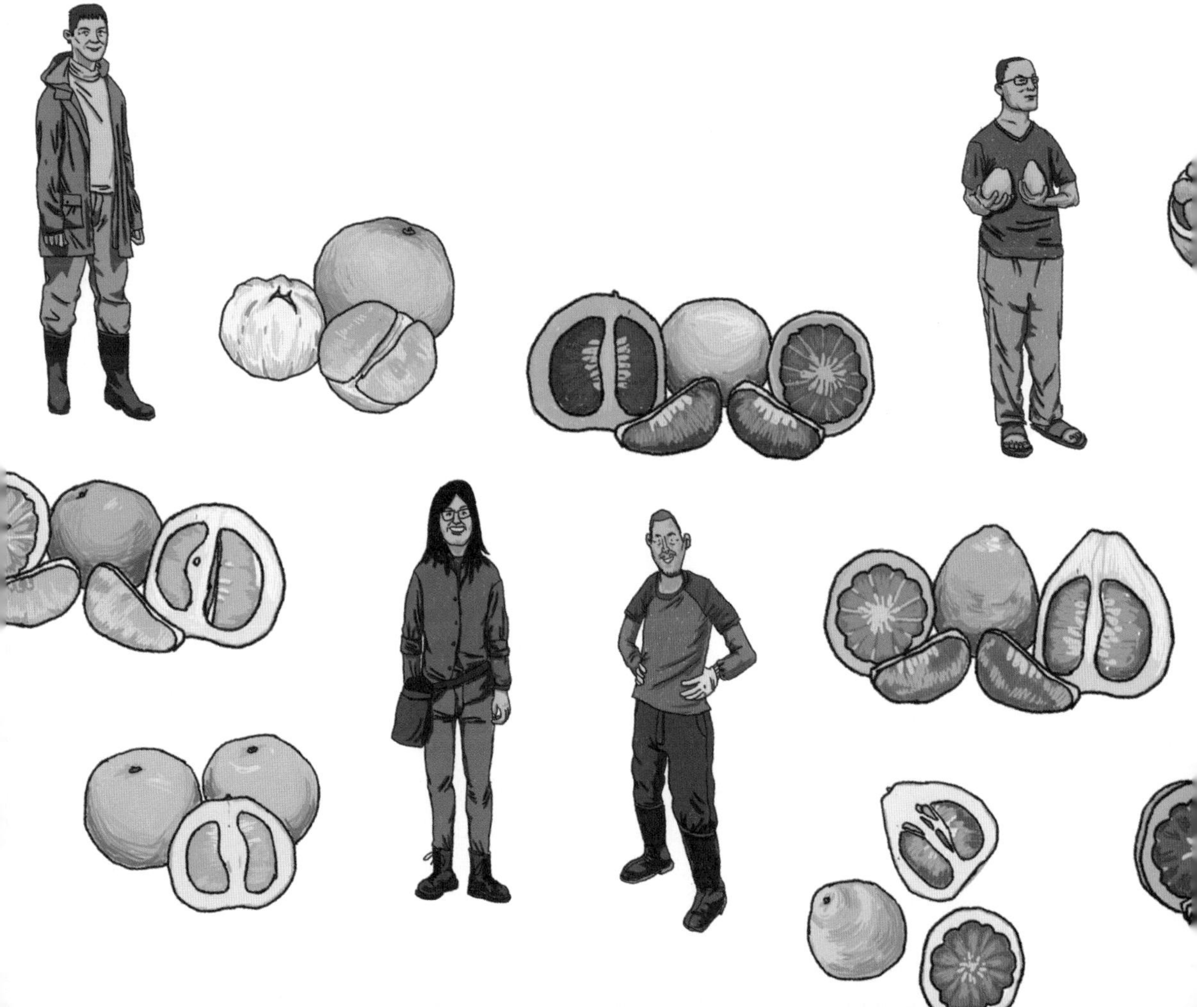

花蓮是個美麗的地方，有很多美好的朋友，很多美妙的際遇，是我心心念念一去再去的地方。現在就用我二〇一九年九月下旬在花蓮的一次講課行程，串起與有柚子有關的釀造故事。

湯平之悔不當初

確定了花蓮課程，我要做的事情，不是收拾東西準備課程素材，而是跟朋友討價還價。

我的第一個問題：「有沒有人接站？」

後來頗費周章終於找到人，湯平可以接。朋友備註，湯平是媒體記者，上一次花蓮五百戶釀酒課的學員。我又提出新的要求：「能不能進站來接應？」

看到這裡會不會有人掛掉，覺得我太多事：哪來那麼多毛病，必須有人接站，不能自己打車嗎？還必須讓人進站接應，不能自己走到停車場嗎？

不能。真的不能。

之所以跟朋友這樣討價還價，必須在確認之後才敢收拾東西。

我一直不是一個斤斤計較的人，但在課程之前收拾東西之前必須斤斤計較，這會決定我帶幾樣東西，以及每一種的數量。

這一次去花蓮，在三個不同的地方，有四節課程。朋友的回覆決定了我行囊的數量和重量。那天從村莊去火車站可以搭朋友便車，他們還可以把我送上月臺，理論上我可以想帶多少就帶多少。

但是，如果到了花蓮沒有進站接應，那就不得不量力而行，不能高於我的「背負加拖拉」極限，有人進站接應，就可以適當多帶一些，如果進來一個部隊，我就想帶多少帶多少。

最終確認湯平一個人進站接應，於是我離開宜蘭時，總共帶了五件行李。一個拉杆箱、一個雙肩背包、一個保溫桶、一個紙箱、一個布包，下車時先想辦法拖出來在月臺上等接應，出站一路，我先背上雙肩包，左手保溫桶，右手拉杆箱，紙箱布包交給湯平。

四節課程時間非常緊湊，用到的東西，要分別事先歸類分別存放。這一次主角顯然是幾種柚子酒和相應的冷漬果醬，兼顧柑橘類餃子和布丁。裝箱時我的手滑過柚籽酒，想了想，決定不帶。

這個決定與剛剛有過的品嘗經歷有關。兩位客人來我家做課前準備，嘗到柚籽時，雖然已經提醒「會苦」，她們還是反應激烈，一個入口就咧嘴大叫，另一個倒是沒有叫，立即起身沖出屋外，把口中柚籽酒吐掉之後又回來漱口。

我的課程策略一直是「先佔領嘴巴，再佔領腦袋」，嘴巴如此反應，還是不帶爲妙。

但是，九月二十二日見到湯平，還沒走出月臺，我就後悔啦。

因爲湯平見面第一句話是這樣的：「上次你送的柚子，我釀了五種酒，每一樣都好好喝，我們全家最喜歡的是柚子籽。」

天哪天哪怎麼會這樣？看上去讓人容易以爲是湯平在悔不當初，其實是湯平讓我悔不當初啊。

活著的食物才是眞正的食物

把大包小包裝上湯平的車，路上繼續剛才的話題，我居心叵測問湯平，爲什麼喜歡柚子籽，會不會苦？

「確實苦。但苦後有尾韻，而且淸香回甘，很耐品。」唉呀呀，此前訪客之毒藥，卻是當下湯平之佳餚。

「而且，我去上臺大郭華仁老師的課[1]，他也說了，植物的種籽裡含有非常豐富的生命能量。很多水果的種籽，味道特別，就算煮熟了也不好吃，比如柚子的種籽會苦。而且出於水果生命傳遞的本能，有些種籽還會有毒素，像苦杏仁和蘋果籽，都不能直接吃，這些寶貝就被丟掉了，非常可惜。你教我們用來釀酒實在太妙了，恰好取長補短。」確實，郭老師的課我也上過，而且也用自己的釀造在實踐這些理念。只是，在我爲今天的課程做選擇時，沒有把這種理念貫徹到底，自然悔不當初。

注 1：編按，臺大農藝系退休教授，主張農夫自行保種。

人做爲萬物之靈，居於生物鏈頂端，有很多選擇食物的可能性，有各種各樣加工食物的方式。吃東西不只是爲了得到熱量和元素週期表上的名單，而是生命個體對話天地迴圈。人想經由食物獲得更多的生命能量，要吃活的食物。無處不在的速食外賣和愈來愈多的便利店，正在讓我們離活的食物愈來愈遠。

插播一點我的理解，我吃素，活的食物並不是活魚活蝦，而是能夠看得出食物本來樣貌、在水裡土裡能夠生長發芽的食物，新鮮的蔬菜水果和原粒的糧食都是，但超市貨架上果汁果醬和水果罐頭不是，同樣是米，糙米就是活的食物但精米不是。甚至有比我更較眞的人認爲加工食品保存期限根本就不靠譜：因爲食物加工之日就是死去之時，食物的屍體只有熱量和元素週期表，但沒有生命能量。

好幸運，一到花蓮就有這樣的機會探討食物的生命能量。我也忍不住好奇，一位記者居然如此對種子如數家珍，湯平怎麼知道那麼多？

原來，她有自己的土地，在附近有個小農場，閒暇時間基本就浸泡在土地裡。

這就不奇怪了，一般說來，與土地關係更近的人，味蕾的譜系更寬廣一些，能夠體會出不同食物自身的美好。我這麼說，沒有批評城市人的意思，只是在陳述事實，人與土地的距離有遠近但沒有高下，確實是離土地更近的人對自然食物的感知更敏銳。

親自活著與否

後來想想，同樣的柚子籽，嫌苦吐之唯恐不及的品嘗者、喜愛苦後回甘並與家人形成共識的湯平、以及把它垃圾桶裡搶救出來用於釀酒的我，都是女性，都是母親，選擇了不同的活法，也就與土地建立了不同的生命關係。

我們年紀差不太多，不管是在中國還是在臺灣，都是經歷巨大生活變化的一代。在我們的母親還是女孩子的時候，要學洗衣做飯縫補，這是千百年來農業文明社會分工之女性必備：「學不會，將來怎麼嫁得出去。」

等到我們小時候，媽媽的叮嚀變成了：「想吃什麼我給你做。你好好讀書就行。」讀書似乎成為現代人最重要的生活技能。好好讀書上好大學學好專業，就能在城市裡擁有好的社會地位和收入，然後，可以用錢來解決一切。家務，可以交給洗衣機和掃地機器人，吃飯，則靠餐館外賣與便利店。

如此，吐掉苦酒的訪客才是當今主流，我和湯平是另類。

現在輪到我們做母親，也有不同的做法。

吐過我的柚籽酒又找水漱口之後，妝容淺淡的訪客細語輕聲搖頭歎息：「沒辦法，我就是吃不了苦。」她是要來找我探討去她所在的公部門開課的，我說家庭釀造人人可為，但是一定要自己動手，她巧笑倩兮說自己和家庭極少自炊，已經離不開外賣。我拿自己現身說法，新手農夫不僅可以自己動手釀酒，還能下田耕種，她更加驚異嬌喘微嗔：「沒辦法，我們這種人，已經下不了田。」她過的，是一種屬於城市的生活，人與日常生活的關係，已經被城市化的社會分工和供應系統決定了，她對自己的孩子說的話變成了：「想吃什麼？我去給你買。」

我是中國人，又住在鄉下全職務農，與來訪的美女，不具可比性。湯平和她，一樣是臺灣人、城市上班族，一樣細語輕聲妝容淺淡，湯平又有另外一面，有另外一種生活，可以跟我一樣用自己的雙手和體力與土地對話、與食物對話，並且還與她的家人和朋友交流互動。她和家人是生活在城市裡的現代人，接受現代教育，享有現代生活方式，又保有了與土地的聯繫，湯平說她的先生和兒子也下田，都能接受苦，自己農場裡苦瓜的苦和柚籽酒的苦各有千秋，都喜歡。

說實話，我很羨慕湯平，因爲父母和兒子對我的生活方式，並不接受。

再回到人與土地的關係。把麥子種進土地會生出千千萬萬粒麥子，但做成餅乾種進土裡則只有爛掉。吃飽了沒事思考終極問題的時候，除了「人爲什麼活著」？不妨順便想想「怎麼才是活著的人」？如果離開城市供應系統，把人像種籽一樣種進土地，我們是種籽？還是餅乾？

柚子外皮可以一釀二釀三釀

湯平提到的柚子，是在我七月來花蓮的課程中送給學員。說起來，也不是我送的，而是我的學員、花蓮柚農游振葦送的。振葦是個讓我又感動又敬佩的人。七年前，從臺北新竹回鄉接手家裡的三甲柚園脫毒復育，原本從事電子業的他現在已經是個柚子專家了，是我請教柑橘類問題的老師。那天我在花蓮的志學五百戶開課，振葦開車送來大堆自產紅柚，成了我送給學員的禮物。

好幸運湯平拿到的那粒柚子有很多籽，又幸運釀出了苦苦又苦後回甘的酒，一家人都喜歡，更幸運的是，她把這個故事告訴了我，是不是悔不當初不重要，重要的是我以後不會因爲柚子籽酒的苦而羞於示人。

湯平還說，他們家的柚子酒，留到最後的是外皮：「柚皮酒最好喝，好喝到捨不得。前幾天朋友來家裡做客，才剛剛喝掉。」

我當然理解湯平的意猶未盡，趕緊趁路上的時間告訴她：柚子外皮釀酒的美妙不止於此，這個寶貝可以一釀二釀三釀（更多內容敬請參見本書一三〇頁），似乎可一直釀將下去，每一釀，都會有許多美妙之處。

柚籽，喊你出來釀酒啦

這一節釀造內容，要說的是柚子的籽。

不是所有的柚子都有籽——對不起我說錯，應該這麼表述：不是所有的柚子都有可以用來釀酒的籽。上網一查，柚子有十幾個品種，柚籽大小有無各不相同。很多柚子的種籽退化了，小到幾乎不易分辨，就有了所謂「無籽柚」。

柚籽表皮有果膠，還有天然油脂、揮發油、生物鹼和甙類，網上說柚籽天然藥用成分，能消除胃部炎症促進潰瘍面快速癒合，我沒有胃潰瘍所以無從驗證，據說還可以滋養肌膚化痰止咳，我沒有咳嗽，也不曾驗證。這些治療類的用法網上不難查到，敬請自行查找，在我的書裡和我的課程中，只說我摸索出來的柚籽釀酒做法。

不管使用什麼樣的方法，都是爲了把藏在柚籽裡的營養和有效物質喊出來爲人所用，我用的辦法是釀酒，對待很多寶貝都是一種辦法一釀了之。不是因爲我懶，而是因爲不想浪費乙醇這個天使搬運工。

日本弘前大學農學生命科學部有個長田教授說：「與其他酒類相比，果酒對於護理心臟、調節女性情緒的作用更明顯一些。」認爲水果酒汲取了水果中的全部營養，維生素氨基酸含量豐富，還能溶解生吃水果也不能吸收的營養，並含有大量的多酚，可以抑制脂肪堆積……。那些內容都是我從網路上查到的，至於是否可信，敬請大家自行查證。

這位長田君一定是只喝過果肉釀的酒，就這樣大歎特歎，如果喝了我的果皮果殼果籽酒又會怎麼說？要知道我的青香蕉皮特釀是「忘憂水」，對調節男性情緒作用同樣明顯噢。太多寶貝藏在果皮果殼果籽裡，很多不溶於水和胃酸，但是溶於乙醇。對待這樣的寶貝，一釀了之最簡單也最有效，不然就算是費勁折磨半天，吃進去也未必能吸收。

柚籽釀酒不僅好喝，還能有效轉化其中營養成分。

寫到這裡順便自扒一下。作爲一個不愛喝酒的人，我既沒酒癮也沒酒量，爲什麼成了一個釀酒師傅，而且還成了一個釀酒課老師？我跟前面那個自己不吃牛羊肉串的燒烤師傅不一樣，這麼做，最重要的原因是不想浪費，不想浪費果皮果殼果籽這樣的「垃圾」裡面的營養，也包括不想浪費乙醇的搬運能力。提前在此悄悄劇透一下：不僅柚子種籽果皮果殼可以一釀了之，幾乎其他所有含有寶貴營養棄之可惜的植物都可以拿來一釀解千愁，更多具體做法，我們不妨一起嘗試。

動手做做

柚子籽酒開釀

柚子的品種有十多樣，不同柚子的籽，有大有小有多有少。最小的也不是沒有，而是退化到了幾近於無。

有時候，太多的柚子籽，簡直是一場災難。

用柚子籽釀酒，基本原理還是水果釀酒那一些，不同在於柚籽與糖水的比例。

前面說到，水果釀酒，一般水果與二十五％糖水的配比，是4：6。但柚籽不是水果，所以不能按這個比例，因爲柚子籽水分含量低，所以要多加水。多加水的另一個原因是爲了沖淡苦味。柚籽與二十五％糖水，我們可以改成2：8，甚至1：9，也就是柚子籽不能多，不同的柑橘類種籽都不適合直接食用，都有苦味，但苦的程度各有不同，釀造之後在酒裡表現出來的苦也不一樣，所以，建議比例會有籽：糖水＝2：8到1：9的不同，更多的細節還是要根據手中柚子的特質，由釀酒品酒的你自己確定。

步驟三，加酒引（或酵母）

步驟四，加檸檬汁

步驟五，封口

步驟一，將水果放入容器
加入一大匙糖，均勻地撒在材料上

步驟二，混合柚籽與25%糖水
建議比例2:8，甚至可以1:9

第五章

不成熟的美好花生醬

&拒絕成熟的冷漬果醬

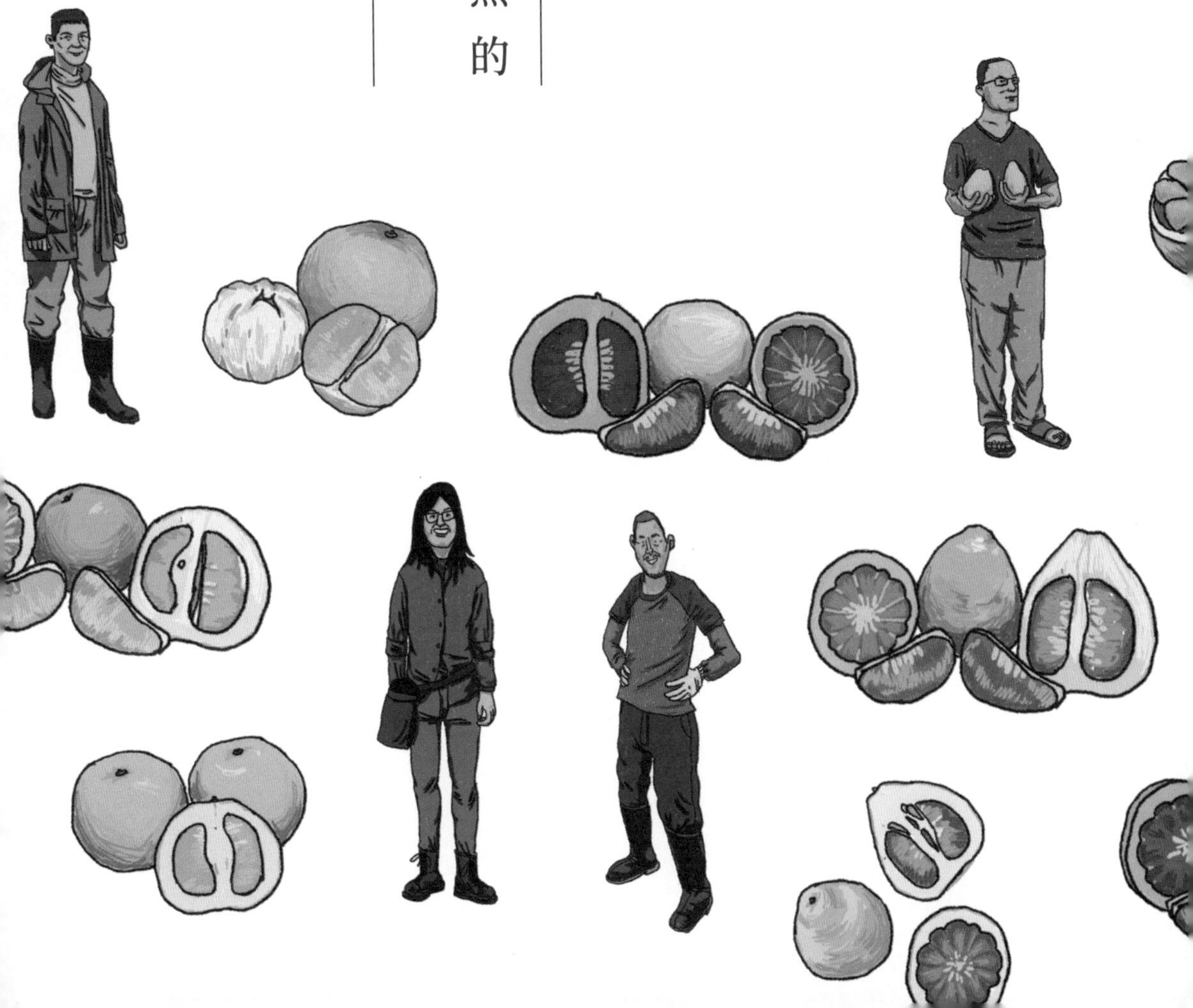

那一趟的花蓮第一課，在鳳林鎮的美好花生。

花蓮是個美好的地方，「美好花生」還有一個諧音「美好發生」。

前期溝通過程中，朋友問可否在美好花生做一節免費的小農專場？

「沒有問題。」我一口答應。「但是要請你問一下，可否請他們帶一些自己的果子，我要分享給下一節課的學員。一定要是友善種植、沒有化肥農藥。」

「沒有問題！」朋友問都沒問就一口答應。

在講我的課程上都是有哪些美好發生之前，要先講一個「美好花生」的故事。

鳳林的花生發生什麼事？

「美好花生」，是一家有故事的店，發生過很多美好的故事。

最早，是十幾年前的「鐘媽媽手工炒花生」，鐘家媽媽劉秀霞用客家人傳統手法鹽炒花生。如果再向前推，似乎可以從這家店，看到臺灣農業的變遷。

鳳林是花生產地。農業時代每個家庭都是一個可以關起門來朝天過的生活系統，花生，是當地人重要的油脂來源，關乎農家生計，也是桌上佳餚，炒花生是佐酒佳品，也是飯前餐後聚會聊天時零食。鐘媽媽一雙巧手，她的鹽炒花生給孩子們留下了美好的記憶。

後來臺灣經濟起飛，農業人才和農業勞動力轉向城市，留在村子裡的農夫差不多都是兼業農（作者按：現在也是這樣，據臺灣農委會二〇一二年統計，農業收入占農業人口總收入的二二％），種田之外還要打別的工。鍾爸爸打的是農機工，家裡開了農機行，那時候，農夫換農機就像現在人換手機，永遠都在更新換代。

農村的孩子從小就被教育要好好學習，將來離開農村，城市裡才有更好的發展機會。長子鍾順龍是個乖孩子，後來去英國讀書。他是文青，學攝影，太太梁郁倫同是留學英國的文藝青年。離家讀書——海外留學——回臺北工作，是這代人的人生軌跡。他們在臺北過著文藝小清新的生活，梁郁倫在富邦藝術基金會，做現代藝術策展，滿世界飛，鍾順龍做攝影記者也在大學兼課，同樣忙碌。

這時候臺灣已經有了一個詞「慣行農法」，所指不是祖先開拓這片土地沿用千百年的農耕方法，而是指最近五十年間主宰臺灣農業的方法——化肥＋農藥。

化肥農藥提高了產量，但並沒有帶來農業的興盛，因爲還有更厲害的全球化。更大規模更高效率的工業化農業，生產出了大量廉價的農產品，物美價廉的進口花生隨著WTO的開放湧入臺灣市場。農村凋敝，不僅失去了市場，也失去了活力。人才流失、老齡化，村莊裡鮮見年輕人身影，當傳統農業產業都失去競爭力不復生存空間，第一代慣行農夫很有可能就成了末代農夫。

農機行裡長出來的美好花生

臺灣加入世界貿易組織後，開放農產品市場，給農民補助鼓勵休耕，田荒了，自然沒人買農機，鐘媽媽爲了補貼家用，開始賣炒花生，雖然工業化食品愈來愈多，但人們還是喜歡傳統古早口味。

鐘媽媽堅持選用當地品種，台南九號和黑金剛都是臺灣本土品種，小粒，但是很香。原來鳳林家家戶戶有種，但現在本土種拼不過進口貨。鐘媽媽不用便宜的進口貨，不僅味道不好，也擔心化肥農藥。自己種的花生不夠用，就與周邊農戶契作，農戶保證品質，她保證農戶的收入。從剝花生、挑選、篩撿到炒製，都是古法手工。很多工作要請社區媽媽一起合作，比如剝花生，可以讓婆婆媽媽們有一些收入補貼家用——其實，這也是一種社區營造啊。

農村，不僅是養大了遠走高飛的現代人的故鄉，不僅給城市提供了能量和食物來源，也是人與人互動連接的家園。

但是，鐘媽媽年紀大了，要退休。「炒到肩膀受傷，非常累，想放掉」。

鐘順龍捨不得這口美好的家鄉味，相信許多已經習慣了這個美好口味的人也有同感，就勸鄉鄰接手，但被回嗆：「你說得那麼好，爲什麼不自己接手？」

美好發生了，他們眞的自己接手。

二〇〇九年五月，梁郁倫先辭掉工作，搬回花蓮與婆婆同住，學炒花生，鐘順龍第二年結束了臺北的工作也搬回鄉下。他們在農機行裡開創了自己的品牌「美好花生」——來買花生的人，要先穿過外面的農機行，這樣的開頭，似乎不夠美好。

不成熟的花生醬

那時候「青年返鄉潮」還不成氣候，從臺北搬回花蓮，這對小夫妻要面對的，其實是臺灣農業的問題。

臺灣一方寶地，幾乎什麼都種得出，但是受限於地域和生產條件，不可能像大規模的工業化農業一樣大批量物美價廉：「我們的花生品質其實非常好，但是並沒有條件變得很便宜，所以就要考慮定位。」

成本雖高但原有主打產品炒花生卻不能漲價，村莊不只是土地，還是人情。不能婆婆做了很多年一直沒有漲，媳婦一接手就漲起來。

他們一方面對老產品做新改進，包裝改成了有設計感的玻璃瓶，外面的客家花布「俗擱有力」，入眼印象深刻。這對文藝青年新農民，是在「用做藝術的方式和態度在做花生」。

另一方面，在鐘媽媽既有特色之外，開發自己的新產品。愛吃花生醬的梁郁倫以她藝術家的吹毛求疵，研發出美好花生獨有的花生醬，分有糖、無糖，顆粒、滑順四種組合，不僅可以抹吐司，還能拿來做炸醬麵。但嘉義大學食品科系教授評價卻是：「好吃但不成熟」。

因爲沒有任何添加物，保存期限短，難以大量製作、存放、外銷。用現代食品工業的標準評分，這樣的產品就「不及格」。

但這樣的花生醬才是他們眞正想要的，上天給了我們食物爲的是讓我們用來吃、而不是用來存，食物就該趁新鮮食用，就醬！

讓臺灣之光物美價也美

我在來到美好花生之前就吃過美好花生的花生醬，朋友一邊請我吃花生醬一邊講美好花生的故事。我喜愛無添加低調味的美好花生醬，特別喜歡那種顆粒感，能夠吃出食材本身的味道與質感，也喜歡他們的故事、喜歡他們對待食物的態度。

提前到達美好花生店裡做準備，來來回回要穿過櫃檯與貨架之間的員工通道，身側陳列的貨品，包裝簡潔大方有設計感，很美，而且是物美價也美。

我一直是一個節儉的人，但接受這樣的物美價美。

我希望所有的臺灣之光都能物美價也美。

來到臺灣之後經常聽到「臺灣之光」這個詞，我對影星明星沒感覺，也受不了這種說法太煽情，但是後來，當我接觸到那些身體力行在土地上踐行友善理念的新農，覺得這樣的人，眞眞就是臺灣之光。

當下逆風飛翔的新農人是時代的另類，要經歷很多辛苦，但能在臺灣做農夫也是一種幸運，現在的新農夫可以說是得天獨厚一代。上世紀臺灣的經濟發展和隨後的社會開放，讓這代人從小有比較寬鬆的選擇空間，也不至於背負太重的賺錢壓力爲經濟汲汲營營。這代人越來越多把個性發展、社會願望和理想生活的追求回落於土地。

梁郁倫鐘順龍返鄉，不是奉獻，沒有悲情，是爲了追求自己「理想的生活」。最初，記者來採訪滿頭大汗打著赤腳炒花生（爲了散熱）的留英碩士，梁郁倫反思曾經的生活：「有時忙起來，一個月去香港三四趟，工作時間長，順龍也忙，長期處於壓力下，我們思考到底人生價値在哪？」「我們在臺北工作忙碌，生活沒有品質，回鄉下不僅幫老人家，也讓自己過想過的生活。」

我注意到這裡面的幾處表達，都市裡的時尙生活「沒有品質」，回鄉下不僅是爲了幫老人家留住美好滋味，也是爲了自己「過想過的生活」。都市裡有更好的發展機會，有光鮮亮麗的生活，但這種在資本主義邏輯主導、權力系統碾壓之下的人生，是不是自己想要的生活呢？愈來愈多的年輕人選擇進入農村，不僅是爲了尋找自己理想中的生活，也是在用他們的嘗試，探索現代社會另外的可能性。

臺灣好山好水，自然生態豐富，尤爲可貴的是保有小農經濟形態，這是現代社會不可多得的禮物。這些臺灣之光帶著對現代生活的反思回歸土地，於個人生命和這片土地，都是在做最根本的事。因爲有了這樣的探索嘗試，讓臺灣有可能在現代化生活方式大洪水裡，成爲率先得救的地方。

從這種意義上來說，臺灣眞的得天獨厚。

在資本主義底下做社會主義的事情

美好花生在這片土地上慢慢長大，逐漸研發出花生醬、花生油、實體店面的花生湯等商品。除了忠實老主顧，也在網路上累積了好口碑。他們一方面保留了請當地婆婆媽媽手剝花生的特色和社區功能，一方面也引入機器炒製提升效率。

他們的女兒，在鳳林出生，幾年前新建了自己的門面、廠房與工作間，不少來自大陸和香港的遊客也專程前來鳳林鎭「打卡」，爲了一碗只能在現場品嘗的花生湯。

他們夫妻都不是對數字有感覺的人，在爲人父母、進入村莊成爲農民的過程中，也變成了商人，但又是這片土地上長出來的另類商人。兩個藝術家沒有覺得做藝術和務農經營格格不入：「喜歡做生產和製造，藝術上也是一樣，現在做的事情也是一樣。」新農夫要爲自己創造出一種新活法。

他們不僅借助網路，把原來的鍾媽媽手工花生從鄉鄰親友圈搬到了台商平臺，還發揮藝術專長，透過圖片、影像與文字，將美好花生做全方位推廣。他們的店面，專注只做花生，只把花生做好就夠了。但鄉村的美好又不止於花生，他們將《自家味：傳承媽媽好滋味》撰寫成書，將更多客家美食向外推廣。

如今在這裡工作的不僅是五位全職員工，還有更多的兼職工作機會，開放給社區裡的婆婆媽媽們，也有各種追求自由選擇的另類新農。早年青壯人口離開農村到都市裡尋找工作機會，如今年輕人回到鄉下需要自己創造工作機會、也是在給別人提供工作。而由梁郁倫鍾順龍這樣的人創造出來的工作機會，與衆不同，既是農村的，也是自己獨特的。鍾順龍希望能夠「在資本主義底下做社會主義的事情」。

美好花生的店面開闊，有七八張桌子、二十幾個座位，不止是一個經營場所，也成爲食農教育與藝術教育的空間。他們還希望能夠通過自己的嘗試，做更多溝通的努力，打破外界對於農村產業的僵化界線，農村對於這個世界的意義，不止是生產農作物。

店面後面還有一個更大的院落，是美好花生的榨油機和各種工作間。爲了解救郁倫的臂膀，他們選擇了炒花生的機器以提高效率，但是拒絕了花生去殼的機器。其實機器並不貴，如果僅從成本角度衡量的話，人工去殼花費更高。但是就像他們從一開始就拒絕更便宜的進口花生一樣，堅持請社區裡的婆婆媽媽圍坐一起，一邊剝花生，一邊聊著一些家長裡短的閒話。不僅得到了花生，讓居於勞動力弱勢地位的婆婆媽媽得到收入，也有社交功能和社區功能，這才是屬於美好花生的花生。對他們的孩子來說，踩在遍地脆響的花生殼上，在大人們腿間鑽來鑽去的童年才叫童年。我想，吸引他們離開臺北的也許不是花生，而是這樣的故鄉味道吧。

臺灣之光的出路在哪裡

西部是工業發達地區與慣行農業主產區，想找到友善小農的群聚就要來東海岸「宜花東」，宜蘭、花蓮、台東，環境優美，生活節奏慢，注重健康生活，友善小農紮堆。

我在美好花生的這節課，稻農果農都有，果農居多。返鄉農二代少，城市人進鄉多，文藝青年的比例明顯偏高。看來文藝青年的鄉村生活和理想生活，一致性更高一些。

但即便是在臺灣，擁有了那麼多有利條件，務農，畢竟不是最合適的創業方向，特別是新人進入農村的最初幾年，日子都會有些難過。朋友提出要做小農免費場，是因爲小農普遍現金拮据。我知道他們的感受，因爲我自己就經常面對類似的糾結，我更知道他們尤其需要這樣的撞擊。雖然是免費課程，但是課上出場的品嘗酒品與冷漬果醬系列一點都不含糊，足量提供甚至是超量，我要借此機會與小農交流，他們才是最需要這種課程、能夠理念相通的人，更重要的是：他們有一片土地，又正在動手實踐，是最有可能把這樣的做法運用推廣的人，我求之唯恐不得。

雖然是一節以柚子為主題的課程，但是出場酒品有十幾種，香蕉皮梨皮蘋果皮各有所愛，有趣的是，柚子肉釀出來的卻成了對照組，有人問我為什麼，往往是皮比肉好喝，為什麼最好吃的柚肉釀出來的酒最不好喝。

我哈哈一笑打個哈哈混過去：「可能是上天冥冥之中有安排，就要讓我們廢物利用吧。」

再問的話我會繼續打哈哈：「釀造不是簡單釀酒而已，釀酒也是做功德啊。」

變廢為寶，釀酒也成了做功德

有句玩笑話，說世界上最毒的是人而不是毒蛇，因為「蛇咬了人，人不一定死，但人咬了蛇，蛇一定會死。」不開玩笑說認真的，盤點現代社會汙染源頭，都可以歸結到人，特別是現代人的生活方式。

別的不說，只說日常生活產生的濕垃圾，腐壞影響水源，焚燒產生二噁英[1]，以柚子為例，一般都是吃一半丟一半，丟掉的全都變成了汙染源。如果能把汙染環境的那一半撿回來，變成美味吃下去，不就是在做功德？

說到釀水果酒，果肉釀造是主流、是正路，我去上課學的也是這樣的。但為什麼走著走著就走上了專門用果皮釀酒的「邪路」呢？所謂變廢為寶做功德，只是我後來發展

注1：編按，即是戴奧辛，二氧雜環己二烯，為一種單環有機化合物，是一種在工業上無實際用途的副產物。戴奧辛與其衍生化合物的毒性各有不同，另外此類化合物因具脂溶性之故，會積聚在動物脂肪組織及植物的某些部位。

的說辭，最初與惜物吃貨的天性有關，不想大包小包丟垃圾，覺得這麼汙染環境太造孽。

果肉本來就好吃，那我們人類就不要多事，直接吃掉就好。特別是柚子，富含維他命和有機酸但熱量低，對減肥怕胖的現代人來說，吃多一點也無妨。柚子鉀含量豐富幾乎不含鈉，特別適合高血壓患者，另外還含有類胰島素成份，是適合糖尿病人的水果……柚子肉不僅好吃，還有如此之多的好處，直接吃掉就是啦。

後來發現如此眞是神來之筆，原本人吃果肉丟果皮，已經產生了一堆垃圾，如果我們再剝果肉釀酒，更增加了果皮的產出。有沒有想過丟掉的果皮去哪裡了？現在換個思路，如果我們把本來就該吃的果肉吃掉之後，原本的廢棄物用來釀酒，不僅美味好喝，提取果皮中的營養物質[2][3]有益健康，還能大大減少濕垃圾，甚至實現垃圾零產出——如此釀酒根本就是在做功德呀。

再說了，用柚肉釀酒，是不是好喝先不說，得到的只有一種酒，但如果用柚子的那些「農業廢棄物」來釀酒，柚子還是那粒柚子，得到的酒一下變成了四種五種，多划算！

課程溝通階段，我特別說明，尤其歡迎友善小農帶「不要的」果子來，那些賣不掉的格外品、或者疏果落果，我們一起來廢物利用。吃水果是人生一大享受，但是，不僅水果在進入城市在大家廚房裡要產生垃圾，在農夫的果園也一樣要產生很多農業廢棄物。如果把本來這些也都是要丟棄的，能夠拿過來釀成美酒變廢爲寶，更是功莫大焉。

注 2：敬請參照七二頁長田教授所言。

注 3：請參照教學短片 https://fb.watch/98tlMNcjye/。

此果醬非彼果醬

不管釀酒用到的是果肉還是果皮，都是天地精華，丟掉多可惜，要想辦法用起來，而且，還要讓它好吃。

釀酒濾渣，並不是一個取其精華棄其糟粕的過程，酒粕裡還留著很多好東西，我繼續糖漬，把它們加工成冷漬果醬。

敬請大家千萬別望文生義，以爲冷漬果醬是「果醬」裡的一種，其實根本是兩碼事。都知道「果醬」是煮出來的，重要的事情要說三遍，冷漬果醬不用煮——我反對反對反對煮果醬！

水果，是用於生食的植物果實，但煮果醬之煮，就殺死活性成分變成了水果的屍體，而且，市售果醬還是屍體中的木乃伊。煮過果醬的都知道，高溫熬煮讓水果顏色暗淡香氣流失，但是看看商店裡賣的果醬，一個個比水果本人還香、還鮮豔，香精色素功不可沒。前面剛一開始時，我請你吃這些東西怕會招人打，但人們去超市自己選購果醬，買回來的恰恰是這些寶貝。

人吃水果，最好生吃（讓我們再次複習水果的定義：「用於生食的植物果實」），一定要吃果醬的話，就用自製冷漬果醬代表市售果醬，不僅低糖無添加，保留了水果本身的活性成分，還有增加了一種特別重要的：活菌。

拒絕成熟的活菌食物

對工業化食品加工標準而言，如果說美好花生醬不成熟的話，那麼我的冷漬果醬則是拒絕成熟。

如何理解我們吃下食物的生命能量？說到「活的食物」，除了保持食物原型能夠在水裡生長發芽，還有一種也在其列：活菌。優酪乳起司泡菜都是活的食物，還包括農家自釀的酒，「莫笑農家臘酒渾」，爲什麼渾？因爲未經蒸餾、釀酒菌仍遊弋其中。渾濁的自釀酒不僅食物里程低、飽含農家的好客與熱情，還有豐富的生命能量，「綠蟻新醅酒，紅泥小火爐」，上面的「綠蚊」，也一樣。不管東方的糧食酒還是西方的水果酒，傳承千年都是活菌食物，也包括現在我在推廣的果皮酒和冷漬果醬。

插播一則常見問答。

活菌食物的好處又實在太多，不能不說怎麼辦？我給大家推薦一本書《細菌，我們生命的共同體》[4]，作者是兩位德國生物學家，書名足以說明問題，在第四部分〈微生物療法〉中有一個小節標題「多吃酸菜！」。請注意後面那個驚嘆號，是作者寫的。我只是想再加一句：用自製水果酒代替市售果酒，用自製冷漬果醬代替市售果醬。

注 4：作者爲哈諾・夏里休斯、里夏爾德・費里柏，商周出版。

動手做做

柚子肉釀水果酒

處理柚子肉的時候，要記得先切一刀。平時我們剝柚子，剝得完整才是剝得漂亮，但在釀酒的時候，不論是否完整，都要記得橫切一刀，將小粒小粒的柚子肉攔腰切斷。柚子是一種把自己保護很好的水果，其實水果們都把自己保護到很好，不管是外皮還是肉皮都有堅韌的細胞壁，保護水分不致流失。如果我們釀酒之前不搗碎，很可能釀過七天之後果肉還是完整的，縱使釀酒菌使盡渾身解數，也沒能攻入。

用柚子肉釀酒與前面沒有太大不同。

柚子肉與二五％糖水的比例建議４：６，然後補糖、加酒引、加檸檬汁的工序都是一樣的，封蓋不要旋死一類的注意事項也一樣，釀造完成後過濾，濾出來的酒粕一定不要丟，柚肉酒可能不好喝，但果醬好吃。我們來把它變成好吃的柚子冷漬果醬。

柚肉先用來釀酒，不好喝也沒關係，可以蒸餾，變成柚子白蘭地，不僅揚長避短，立卽也身價不同。

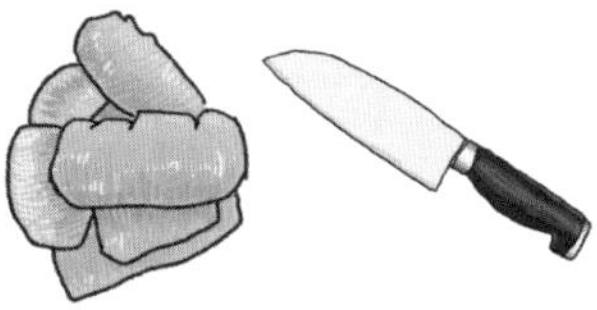

步驟一，先橫切一刀
將小粒小粒的柚子肉攔腰切斷

步驟二，將水果放入容器
加入一大匙糖，均勻地撒在材料上

步驟三，混合柚子肉與 25% 糖水
建議比例 4:6

步驟四，加酒引（或酵母）

步驟五，加檸檬汁

步驟六，封口

動手做做

柚肉冷漬果醬

七天釀造完成，過濾之後，將濾酒後的柚肉裝瓶。開始進入到冷漬果醬製作階段。

這時候還有殘存糖度，大約五％，我們需要加糖再將糖度調至二五％，作用有二：一、保質。這樣的糖度最適合釀酒菌，在這樣的環境裡有害菌種找不到機會；二、脫水。加進去的糖可以把柚肉中的水提取出來。

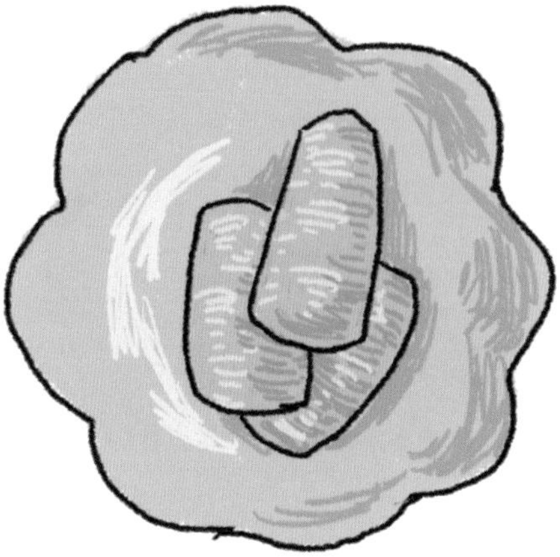

步驟一　加糖，約總重二十％，目標是將總糖度調至二十五％。

步驟二　二十四小時後，濾水。濾水之後柚肉的糖度，在十 - 十五％之間。

步驟三　加糖，將糖度調至二十五％。

步驟四　二十四小時後，濾水。濾水之後柚肉的糖度，在十五 - 二十％之間。

步驟五　再加糖，將糖度調至二十五％。

步驟六　二十四小時後，再濾水。此時柚肉糖度在二十五％左右，水分也處於相對穩定的狀態。

步驟七　裝瓶，在最上面薄薄撒一層糖，封口，入冰箱冷藏。活菌食物，不宜久存，建議儘快吃完，最長不超過半年。

Q & A

Q：現代人有對「高糖」的顧慮，這樣一直加糖太甜了，能不能少加？

A：製作過程中需要保質、脫水，不宜減糖。因爲在製作過程中，糖分一直在流失，既有釀酒菌的釀造轉化，也隨濾水倒出，儘管三個環節中一直在加糖，但冷漬果醬中存留的糖度不會太高，二五%左右，遠低於市售果醬。吃的時候配減糖食譜，還可以有效降低糖度。

製作過程中也有例外，如果只是家庭廚房製作少量，不必久存，能夠在兩周內吃完，可以只加一次糖，到步驟二卽可停止加糖，但仍要定期濾水，一則減弱發酵作用，不至於變成酒汁，二則減少水分，使之更接近我們習慣的「果醬」的濃稠度。

如果還是擔心太甜，也可以少加糖，將甜度調整到十五%左右，甚至不可糖、只濾水。但是提示：一定一定一定儘快吃完。

另外插播一段實話實說。二〇一八年此時，我在宜蘭閉關寫上一本書的時候，正逢農友送來大批青木瓜，瓜肉釀酒之後不甜微酸，我沒有加糖就送入冰箱冷凍，與我當時正在嘗試的各種素起司是絕配，那美妙讓人回味難忘。

Q：濾出來的糖水怎麼辦？

A：一、做酒引；二、倒回此前濾出的酒液，新加入的糖原有助於微弱提升乙醇濃度，但也有可能變酸；三、單獨保存冷藏，用作調味糖汁。

Q：怎麼吃？

A：一、拌蔬菜沙拉，甜鹹均宜。在甜味沙拉裡起到的作用類似果乾；用在鹹味沙拉裡則清新爽口。

二、抹麵包時配低糖蔬菜，與小黃瓜和胡蘿蔔都很搭，切片切絲皆宜。

Q：市售葡萄酒是活菌酒嗎？

A：尚存部分微生物，但已經不是活菌酒。

很早以前的葡萄酒是，但一八六二年以後就不是了。偉大的巴斯德先生一生有過許多造福人類的發明，一八六二年應葡萄酒商人的邀請研究「葡萄酒爲什麼會變壞」，發現緣於細菌。當然，如果沒有細菌，葡萄不可能變成美酒，但在美酒釀得之後細菌繼續發威，葡萄酒就變成了醋。

巴氏殺菌，將酒加熱至六八～七十度三十分鐘，殺滅絕大多數活菌但保留乙醇。此法一出，解決了葡萄酒業的卡脖子問題，從那以後行銷世界。後來電解殺菌、交流電殺菌、鐳射殺菌、脈衝強光殺菌、磁場殺菌、微波殺菌等殺菌技術花樣翻新，估計現在的葡萄酒裡，已經沒什麼活菌倖存了。

而且還要多嘴一句：凡是經過殺菌的「前活菌食物」，買前都要三思。

原因：在人類歷史上，這些食物都是好東西，無添加、純天然，不僅攝入營養也攝入活菌，生命能量豐沛，但是經過殺菌就不一樣了。一來，已非食物本人，而是食物的屍體，二來，還是屍體中的木乃伊。

細菌有排它性，有活菌優勢菌種在，食物不加防腐劑保鮮劑也不會壞，「發酵」是人類保存食物的重要方式。殺菌之後變成屍體則不同，都知道屍體是多麼好的細菌培養基，活菌食物失去優勢菌種，就像人沒有抵抗力，於是就要請出各種添加把食物屍體變成木乃伊。

第六章

你比阿美族
還阿美族

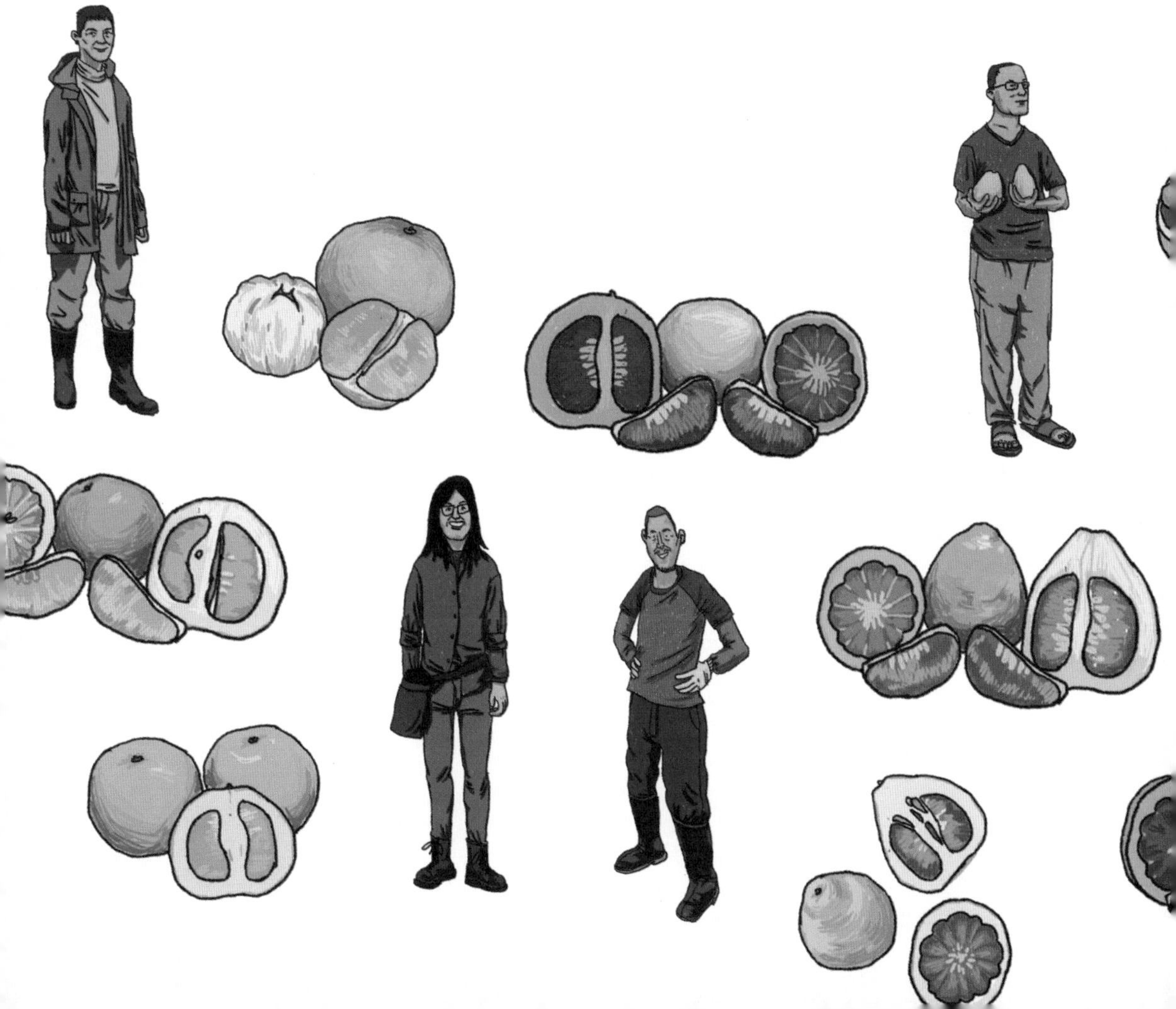

花蓮第二課排在美好花生之後，當天晚上在黎悠香草。花蓮族群豐富，所以課程開始我就先問：「有沒有阿美族的朋友？」

有——「聽聲音人不少，可以舉手示意我一下嗎？」

哇哈哈，現場舉起來九隻手。

親人哪！我可找著你們啦。

總有人說我「就像一個阿美族」，因爲我什麼都吃。這一回，終於見著眞正的阿美族啦。

再一問他們做什麼，有開咖啡館的，還有做部落餐廳的——哇啰啰，都是專業吃貨啊！這一回，假李鬼碰到了眞李逵，當眞班門別弄斧，直接上吃上喝。

釀酒首先要順應自然

我的課程第一項永遠是「猜一猜」。在做柚子系列的品嘗時，我會提前處理道具——將一粒柚子當衆殺開，一半留做剖面，另一半則按我的做法大卸八塊。除了猜的時候有對照、更直觀，也方便我不時撕一點塞給學員，看誰願意吃看看。當然這種強餵農業廢棄物的行爲一般無法得逞，跟我一樣好奇殺死貓的畢竟是少數中的少數。但是這一回，有了這麼多熱愛嘗試百無禁忌的阿美族人，應該會好很多吧。

上酒前，先提醒大家看看自己面前東西有沒有備齊，每個桌上都有一盤蘇打餅乾，每人一個酒杯、一個水杯，水杯裡裝上水，酒杯等著裝酒。先做說明，水和蘇打餅乾過口，是爲了在不同的酒之間，幫助我們的味蕾清零，這樣才能更好地品嘗杯中甘醇的味道。

最早上場的公杯裡裝著的是柚肉酒，每桌一杯，請大家自助分裝。到了部落地區，杯子裡的酒總是能很快見底，至於大家喝進去了什麼，我不會事先說破。第一輪試喝之後，我先收集大家對味道的回饋——很多人都說到了苦，少數說到了苦後回甘。

然後，我舉起道具：「今天最早出場的幾樣酒品，都出自同一種水果，就是我手裡的柚子。我做過服裝設計，對柚子非常佩服。今天看到阿美族的朋友我就格外興奮，都知道阿美族什麼都吃，但不知道阿美怎麼打理柚子皮。我先劇透一下，今天的課程，就是教大家用這些衣服釀酒。明明是熱帶水果，但穿了一層又一層的厚衣服，有最外面帶著化學武器的辛辣外衣，接著是一層厚厚的羽絨服，然後是一層半透明的緊身內衣，柚子肉千呼萬喚始出來。現在我的問題是：柚子有這麼多層，請問，剛才大家杯子裡喝到的，是哪個部位釀出來的酒？」

每一層皮都有人猜到，只是沒人提到柚子肉，幾乎所有的課程都差不多。

我繼續問爲什麼，回答大概是苦——酒苦，這些個皮也苦，不管哪一層都苦。

猜過了之後我不揭曉謎底給答案，而是推出了第二輪公杯，繼續分裝品嘗。

「老師好壞唷，不給答案，而是繼續給我們酒。」每一個人都興高采烈地抱怨著，繼續斟酒品酒猜酒。

這一回，普遍第一反應是「甜，好喝」。再具體一點是比剛才的那一杯甜，比那個好喝。甜中帶苦，很舒服的那種苦……那麼，這是柚子的什麼部位釀成的呢？

「柚子的肉！」幾乎所有人都這麼說，包括那些阿美族。

我揭曉謎底：「剛才我們喝的第一杯，苦苦的那個，是甜甜的柚子肉釀出來的酒。而後來喝的這種甜甜的酒，卻是用這個隔膜，柚子的緊身內衣釀出來的。有人願意吃一點，試試什麼味嗎？」天哪爲什麼連阿美族都一直搖頭？

他們的嘴都忙著呢，根本顧不上吃柚子的隔膜，一個個張大了嘴哇哇一片大叫：「怎麼可能！」

事實如此。柚子我已經釀過幾麻袋，一直這樣，最甘甜的柚子肉，釀出來的酒就是苦的，而那些不好吃不能吃的東西，釀出來卻是甜的。

「不好喝那就不要用它來釀酒。」阿美小姊姊說得太對啦。柚肉酒最苦是上天冥冥之中有安排哈，是讓我們把好吃的直接吃掉，不要多事拿來釀酒。不只是柚子，差不多所有果皮釀酒都比果肉好喝，這也是在提醒我們不要浪費要善用天賜佳物。

廢物利用總會有驚喜

接下來，我請出來的不是第三種酒，而是端出了一瓶冷漬果醬：阿美族的親人們，想不想嘗嘗我手裡的這樣寶貝？

其實，不止是阿美族，在經過了前面的品嘗之後，所有人的胃口都被吊起來啦。

我先告訴大家：這些東西，也是出自我手裡的水果，柚子。建議大家把這些東西抹到面前的蘇打餅乾上，先告訴我好吃不好吃，再猜剛才吃的是什麼、是柚子的哪一個部位？

「好吃！」「這麼好吃！！」「太好吃了！！！」好吃是一致評價，然後是各種猜，但沒有一個人能猜中，爲什麼？

因爲那種細緻順滑入口卽化的果醬，是塑膠一樣堅韌不屈的柚子隔膜，那層半透明的緊身內衣。

誰都想不到，不能只是怪阿美族缺乏想像力。

我又拿出一樣冷漬果醬請大家品嘗，是明顯能夠看出柚子隔膜，形狀還在，粘軟很多，嚼起來有渣，但味道不錯。

大家一邊吃，我一邊講食物的故事。二〇一八年末，農友家中積存的柚子已經開始腐爛，無肥無藥的好東西浪費可惜，我聞訊接收了幾麻袋。原來我吃柚子，隔膜也是作爲廢物扔掉堆肥，偶爾吃一顆少少一點沒有心理負擔。成麻袋的柚子，得到巨大一盆隔膜，於是拿來釀酒試試看，當時心裡想的是：實在不好喝，就用來蒸餾變成白蘭地也不錯啊。

七天過濾，居然不錯喝。

濾酒之後，柚子隔膜的酒粕粘粘一大堆，就想洗洗清爽再堆肥，不料就像洗愛玉愈洗越濃，一大盆穠稠凝脂棄之可惜，決定加糖試試第二釀——結果就是：「我收穫了兩種寶貝，一種，是剛才給大家喝的，好喝的柚子隔膜酒，第二釀得到的酒比第一釀要更加好喝，另一種，那些粘稠物質在釀造過程中結絮沉澱，變成了大家吃到的第一種冷漬果醬。」

我們吃到的第二種、能夠明顯看到柚子隔膜形狀的冷漬果醬，其實是第一次釀造過濾之後未經清洗處理過的「原裝柚子隔膜冷漬果醬」。

傳說中天人合一的境界

課程進行到這一步，課堂氣氛就不用說了，先讓大家興奮感慨一會兒，我去單挑阿美族，給自己找成就感：「有人說我什麼都吃像個阿美族，你們覺得怎麼樣？」

阿美大哥好豪爽：「你比阿美族還阿美族！」

必須允許我中斷課程，抒發一下自己的感慨。「你比阿美族還阿美族」，是一種莫大榮譽。

看過一段網路上的採訪，一群阿美族女性站在河裡撈水綿——他們所說的水綿，我們叫青苔。

水綿在水裡的時候，只是淡淡漂浮的綠雲，撈起放在盆裡，軟軟塌塌濃黑烏綠，看上去有點怕怕，超出我對「食物」的想像。主持人說，每到這個季節，阿美族人都會到河裡打撈水綿做他們的食物，但是現在，部落裡會吃水綿的人已經愈來愈少，恐怕以後這樣技藝，就會失傳啦，所以現在要加以保護……。

可惜那段採訪中只有撈水綿的鏡頭，沒有做法，主持人提問時一帶而過，阿美族人回答太過簡潔，只說「洗一洗拿去煮菜」，至於怎麼煮則不可知。

主持人問水綿的味道，族人的回答讓我覺得是神來之筆：「唔，就是，溪流的味道。」

雖然沒能學到做法，但我覺得這句話說得太好了，點出了食物的精髓。

對這樣的人，我崇拜有如江河。

阿美族什麼都吃，山蘇、過貓、兔兒菜、山茼蒿、刺莧、林投、樹豆、龍葵、檳榔芯、藤心、香蕉芯、木鱉子葉⋯，注意哦，這裡說的不是香蕉而是香蕉樹的芯。幾乎什麼都可以成爲阿美食物。或者說，在什麼樣的季節、山裡有什麼就吃什麼，山神、河神給什麼就吃什麼。

一般我們不吃這種「亂七八糟的東西」，因爲「不好吃」，或者不符合我們既有的一些標準，「不能吃」。比如，口感要細緻要順滑，賣相要好看。但水綿就是水綿，不是冬瓜味西瓜味，也非萵苣胡蘿蔔，就應該是溪流的味道。

阿美族與自然融爲一體的活法，俯拾皆是。阿美石頭火鍋：先找一片大樹葉圍成一個能盛水的形狀，找來野菜、抓來魚蝦和鹽巴一起放進水裡，在一旁生火燒石頭，然後把燒到炙熱的石頭夾起來丟進水裡，水被煮開、魚蝦被燙熟——盛宴開始。

阿美族傳統的服裝也取自天然，他們的皮衣不是獸皮，而是樹皮，雀榕和構樹是臺灣隨處可見的速生樹種，阿美族人剝取它們的外皮，淘洗捶打，去掉粘稠的汁液，留下纖維脈絡，然後整形——ＯＫ可以穿啦。

這，就是傳說中天人合一的境界了吧。

前面柚子酒系列已經出場兩種，接下來就沒什麼懸念了，猜已經不是重點，既然有阿美族親人在場，那就來個挑戰賽。

我先從手中柚子撕下一片柚子綿，請他們嘗。

搖頭。爲什麼？不好吃。

不好吃、不能吃對不對，唉呀，連阿美族都不吃的東西，我們怎麼辦呢？人生萬事醉亦休，還是拿來釀酒試試吧。

我推出的第三輪是柚綿釀成的酒，得到的讚美和驚歎就不說了，接下來柚綿冷漬果醬贏得的讚歎也跳過，但不能跳過跟阿美族人找補我的成就感。確實，能把阿美族都不吃的東西吃下去是個本事，更重要的是，我能把這個做得好吃好吃好吃！

他們一邊吃、我一邊要回饋。「你比阿美族還阿美族」，聽了一遍又一遍，這讚美百聽不厭。

與自然融爲一體

其實，在我來臺灣之前、在我很小的時候，就聽說過阿美族的故事，雖然沒提這個族名。

故事說臺灣有個少數民族，那裡的人特別懶，不愛種田不愛勞動，只愛唱歌跳舞，穿樹皮吃野菜……總之是一個帶著訓誡意味的東方版的「蟋蟀的故事」，或者說一個人類版本的「寒號鳥的故事」。不事稼穡不懂儲備的蟋蟀和寒號鳥都死在故事裡，帶著它們的琴聲和歌聲一起死在冬天。儘管人類早期先民曾用這種生活方式在物種進化中生生不息，但在這種帶著明顯地域特質、洋溢著農耕文明優越感的故事裡，不與時俱進似乎成了一種死罪。

很多時候，那些自以爲是的優越感往往是我們的侷限。不曉得臺灣有沒有寒號鳥，最早編這個故事的人可能不知道，這裡的冬天很溫暖，不僅本土鳥兒不會凍死，還會有千千萬萬候鳥不遠萬里而來，在這裡戀愛結婚生小孩，就像故事裡的反面教員一樣，彈琴唱歌漫天飛舞。

並非環球同此涼熱，生命沒有標準答案，並不是所有的人都要遵從「我的活法」或者某一種活法。現代人已經知道了要像保護文物一樣保護阿美族文化，這種天人合一的生活方式，多麼有大智慧。自然給什麼就吃什麼，給什麼就穿什麼，需要吃多少就採采多少。服膺自然，順應自然，與自然融爲一體，簡單快樂，音樂和舞蹈都是源自對天地的感激。

我對赤子之心的理解，就是這樣活著的人。只有這樣的土地和生活方式，才會長出胡德夫和巴奈這樣的天才。當然我知道他們並不都是阿美族，其他部落民族也差不太多。

簡單自然與科學原理的內在一致

把柚子隔膜這樣釀過吃下，不僅好喝好吃，也不止可以用來贏取阿美族人的讚歎，還有科學道理。

柚子隔膜是纖維，曾經，以人類有限的認知，說這是廢物不能提供人體運行的熱量，而且口感也不好，所以不要吃。隨著生產力進步，人類也有了更多的選擇，可以去殼去皮去老葉，我們的食物愈來愈精細。但是文明人普遍面臨的現代病提醒我們，這樣的認知何其有限。

這些年，先是「排毒」、「清宿便」一類產品大行其道大吸其錢，從色斑痤瘡到肥胖痔瘡一切迎刃而解包打天下，接著與「益生菌」相伴而來的「益生元」、「益生質」、「益菌生」又風生水起，其實不管穿什麼馬甲，包裝來包裝去，說的是同一樣東西，就是曾經被我們排除在食物之外——纖維。

纖維素不僅排毒通便，還是益生菌的食物，這種東西在胃裡不被消化，在小腸不被吸收，但是到了大腸，卻有如饑似渴的益生菌等候多時，益生菌吃下纖維素也不是白吃的，還給人體的是維他命——知道為什麼「膳食纖維」這個詞這麼火了吧。

這些被保健品企業吹得神乎其神的寶貝，說穿了就是柚子那一層又一層的衣服。

確實，纖維不好咬不好吃口感不夠好，甚至連阿美族都不吃它。但是，釀造是個神奇的遊戲，釀酒菌是我們的神隊友，不僅得到了美酒，還順便給纖維施行了「鬆骨術」。纖維是長鏈的糖，釀造過程中細菌把長鏈剪短，所以釀過酒的柚子隔膜能夠咬動了，甚至還可以變得更短，直至單糖，可以被洗後化進水裡。這樣的纖維素，不僅能吃還好吃。

而且，既增加飽腹感，又不會長胖。愛臭美又愛美食的童鞋們還等什麼？

動手做做

柚子隔膜釀酒

柚子隔膜釀酒時要注意比例，因爲隔膜的水分含量低，又有苦味，一般我在釀造的時候，用體積比，隔膜與二五％糖水的比例爲2：8。

因爲不同品種的柚子隔膜強韌程度不一，而且不同釀造時點的條件也不完全一致，有時候，桶裡的隔膜一釀卽化，一洗就全化在水裡，只剩下一絲絲脈絡；有的時候，卽使釀過了，隔膜也依然堅韌，撕不動也咬不動，就更洗不化，沒關係，那就在濾酒之後再加上糖水繼續釀它七天。因爲此時苦味已經被釀走了一些，第二次隔膜與糖水的比例可以適當提高，變成3：7甚至4：6。

其實，我的釀酒沒有標準答案，完全可以放手摸索，找出最適合自己的辦法。

如果太濃釀出來太苦怎麼辦？

一個是接受，本來這就是苦的。第二，可以稀釋調酒。第三，蒸餾。

釀造過程中會分層，先將上層果泥取出可以事半功倍。釀造七天後開始過濾，因爲這樣的釀造材質已經極盡細膩，過濾時要用極細的紗布，不要用力擠壓，必須沉住氣等液體自己慢慢流出來，這樣才會有細膩的「柚子隔膜果醬」留在紗布裡。我自己的辦法是，晚上睡前倒進細密紗布袋，在容器下層放可以透水的網，等一夜，如果天太熱的話，就放進冰箱一夜。

步驟一，將水果放入容器
加入一大匙糖，均勻地撒在材料上

步驟二，混合柚子隔膜與25%糖水
建議比例2:8

步驟三，加酒引（或酵母）

步驟四，加檸檬汁

步驟五，封口

步驟六，隔膜水洗後
如果仍然堅韌，
可以加糖繼續釀造，
提高比例為3:7或4:6

問題：剝出來的柚子隔膜太多一下釀不完怎麼辦？

答：放入冰箱，需要用時取出釀酒，效果相同。
如果冰箱空間緊張，也可以曬乾保存，需要用時取出回水後釀酒，效果接近。

第七章

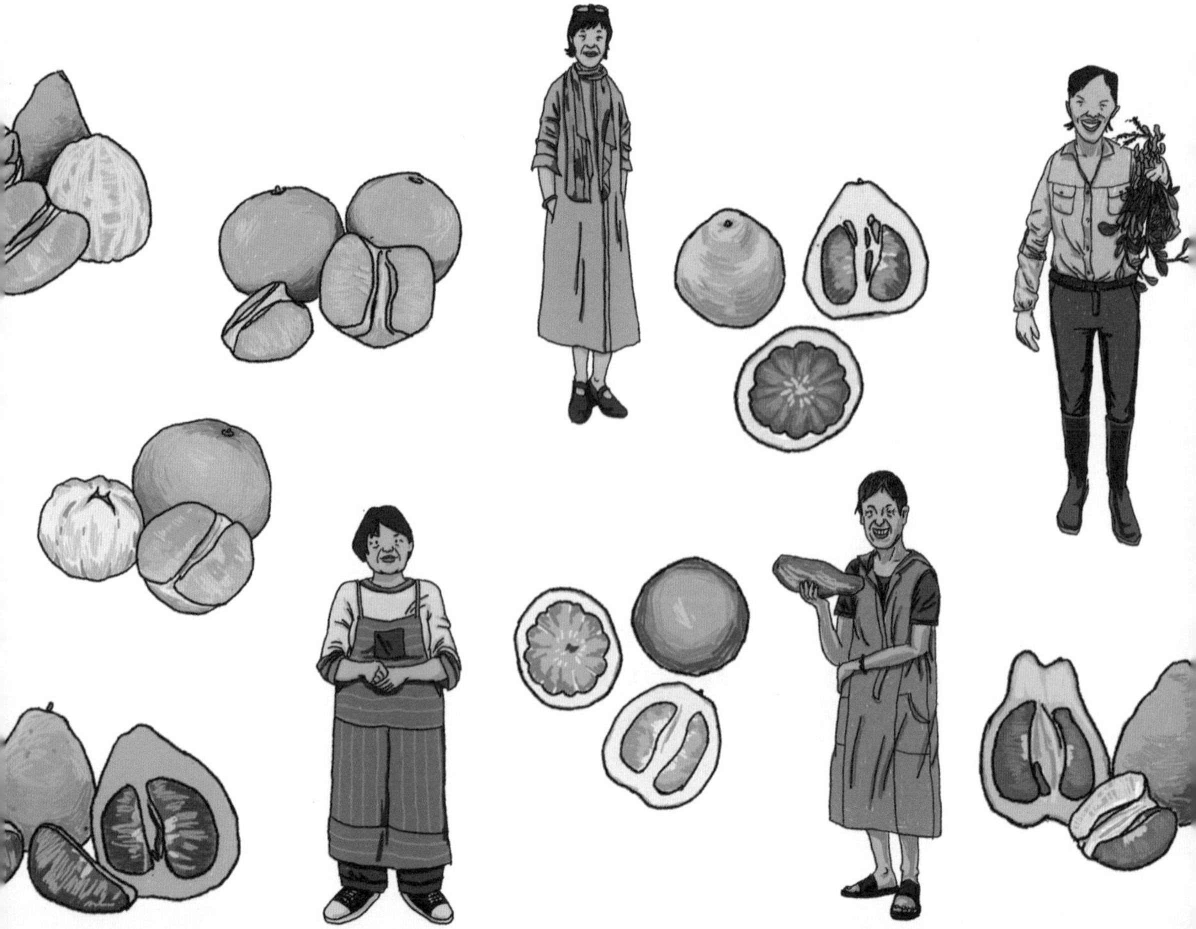

夠用就好

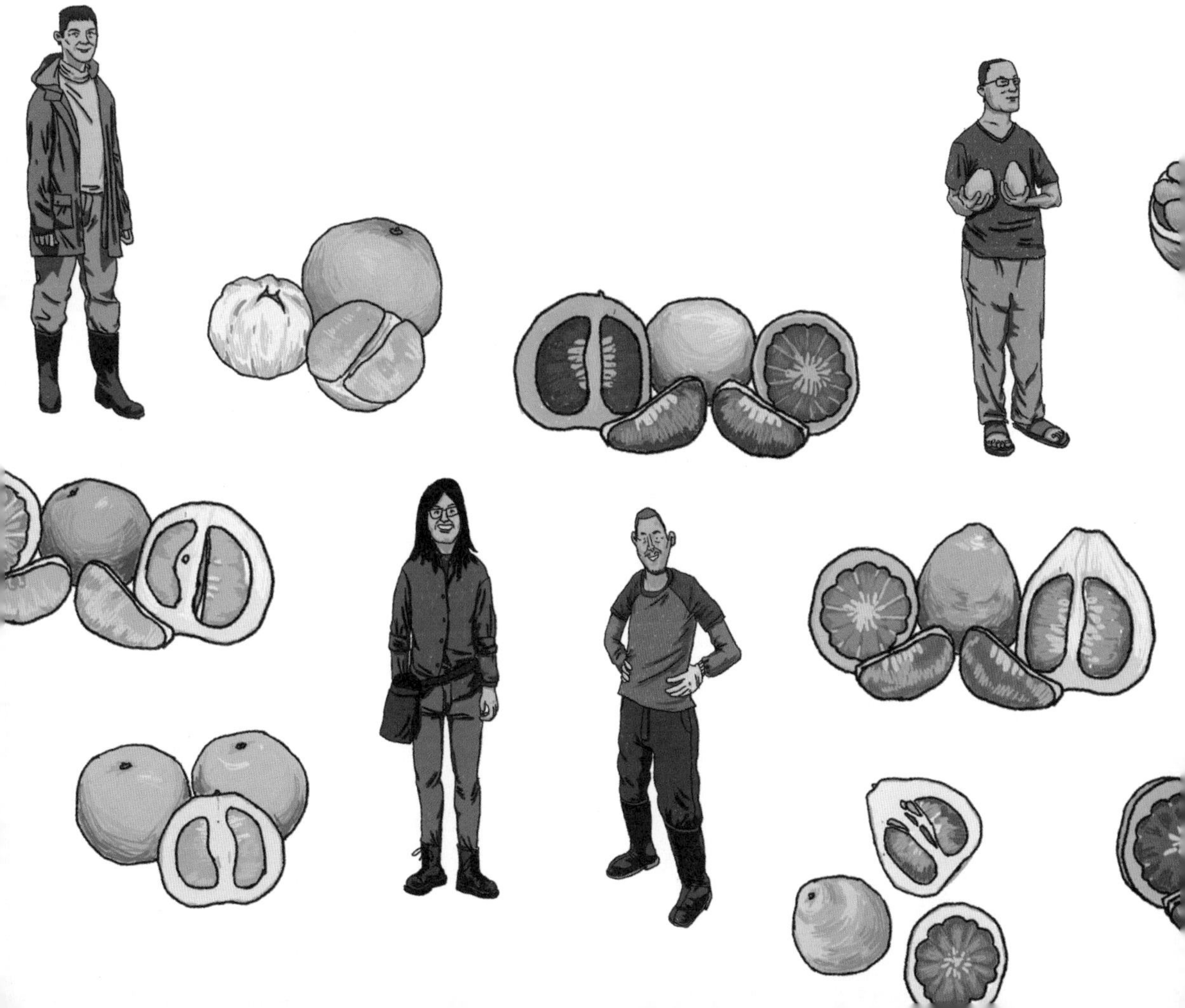

花蓮第三課，在美滿蔬房。

美滿蔬房的麗玲是上一次騎單車來花蓮認識的，我還在太魯閣，朋友打電話給我介紹一家素食餐館，並千叮嚀萬囑咐，讓我必須提前電話預定六點鐘之前到達，「不然會沒有飯哦」。

必須承認我有一點小糾結，對一個火到這種程度的餐館有一點距離感。但朋友再三強調一定適合我，那就乖乖打電話預定，然後在限定時間之前拚命騎過來。

但是按照谷歌地圖的指引，明明到了門口，卻一直轉呀轉的，費好大勁才找到門。受不了這種店，門口連個標示也沒有。臨街只開小小一扇門，一樓十幾坪空間靜悄悄的，人影都沒一個，要摸索到二樓才能看到麗玲和寥寥食客。

美滿蔬房不是我想像中的火爆餐館，裡裡外外只有麗玲一人，老闆主廚兼跑堂，而且那天也不是營業，而是「共食」。

我譴責麗玲不做標示，但她說不是沒有，仔細看還是能找到的。確實，門外有個小小的白色木箱，有手寫體的美滿蔬房四個字，但是隱於花盆後。

爲什麼一層好大的地方閑著不用？麗玲笑笑：「爲什麼一定要用？我一個人顧不過來，夠用就好。」

後來發現上面還有三樓，問她樓上做什麼，麗玲又笑笑，回覆一直沒有用。回答原因的時候又是那一句：「夠用就好」。

她的話，我理解爲兩層意思，一是餐飲面積夠用就好。再一層是，她不想招人擴大規模，賺到的錢，也是夠用就好。

大廚隱於絲瓜

在美滿蔬房，吃到一道讓我驚豔的菜。

顏色很淺淡，綠色的是毛豆，淡綠的是絲瓜，乳白略泛微黃的，是豆皮，碗裡還有一點菜汁，有些濃稠。看上去簡簡單單，入口好吃到要命。出於吃貨天性，忍不住一邊吃一邊分析這道菜的做法：沒有很搶味的感覺，也看不到任何調料，應該是這幾樣食材本身的味道，不漂油花，說明沒有熗鍋，難道，這道菜只用水煮？

是的。麗玲同樣笑眯眯：就是煮出來的。

麗玲笑笑的樣子，讓人羨慕嫉妒恨，有種想扁她的衝動：爲什麼不是我！？嘿嘿，禁不住悄悄走神一下，估計我在請人猜酒的時候也是這副德性。

麗玲說絲瓜這種食材，跟毛豆特別搭，不用加任何東西，煮熟了撒一點鹽巴就可以上桌，自然好吃。

眞心佩服麗玲，能把絲瓜做出那麼多簡單好吃的花樣。

種過絲瓜的人都知道，潑辣耐活，每到產季來勢洶洶，吃不及就老了。

絲瓜皮不好吃，一定要打掉，有人吃得仔細，就會打掉厚厚一層，一直探到裡面柔軟的白肉，麗玲習慣只打薄薄一層，把有一點硬的皮和相連的絲瓜肉弄下來切厚片，我吃到讚不絕口的那碗菜就是這麼來的。先加水煮毛豆，再加入絲瓜和豆皮，煮到火候適當，加鹽關火，不用任何多餘調味，這三種食材天生相合。

絲瓜易老，一旦長出種籽，煮菜就不好吃了，麗玲會放進鍋裡，配上腰果一起蒸熟，然後加一點鹽巴打成濃湯。這樣的濃湯不用加水，用絲瓜自身的水分，好喝又營養，加了腰果的油脂，又有飽足感。絲瓜種籽入菜不宜，這樣做成濃湯味道可能還更好，種籽有一種微甜的味道，用郭華仁老師的話來說，有非常豐富的生命能量。

慣常我吃涼麵常加的配菜是黃瓜切絲，麗玲在絲瓜大出季節，直接用絲瓜做涼麵。也是薄薄打掉外皮之後，把偏硬一層削下來，切絲，水煮後用麻醬拌，味道和口感都有一點像涼麵，可以是單獨的絲瓜涼麵，也可以與眞正的涼麵拌在一起。

那天她很豪爽地把絲瓜菜譜一口氣說了好幾道，我一直景仰那些能用簡單方法妙用食材的人，每一種我回去都試過，雖然沒有她煮的好吃，但也差強人意。一定是有些什麼樣的魔鬼，藏在水量多少、先後順序、烹煮火候這樣的細節裡，必須要動手試過了才知道下一步該問哪些問題。

「如果有 ○○ 就好了」

這一次在美滿蔬房的課程，人意料之外地少，加上麗玲才六個。我準備了二十人份的資材，開了一個超級精品小班。人少的原因，是麗玲前幾天都不在店裡也不在網上，她發出了課程訊息之後就去某個地方靜修，關機斷網與世隔絕，現在剛剛出關回到花蓮，而她的手機又出了問題，連她自己都不知道有沒有人來、來幾個人。

麗玲一直解釋，爲此不好意思，但我覺得很好，如此隨緣隨性的課程，與她這個店的調性很搭，以及那一句「夠用就好」。

此前有農友分析：宜蘭離臺北太近了，來我們這裡種田的人，很多人都有社運或者宣導的願望，都還是想向臺北喊話的。如果眞的只是要過不一樣的生活，會選花東，遠離花花世界，去過自己的生活。感覺麗玲就是這樣的人。

如果說阿美族讓人看到了，作爲這個世界上的強勢物種，人與自然相處的方式，那是一個山林版本，美滿蔬房讓我看到了城市版本。並不是說，我只要開店就被這店綁定，就要拚命招徠客人擴大規模賺錢再賺錢。

如果在某種邏輯的故事裡，美滿蔬房也許另一種版本的蟋蟀或者寒號鳥的故事，成爲兢兢業業經營故事中的訓誡版本。凡自以爲是的優越版本往往源自我們的認知侷限，爲錢拚命看上去是掙到了更多的錢、成爲錢的主人，其實是爲錢所用變成了錢的奴隸。

「夠用就好」，既不拒絕商業邏輯，又不至爲錢所用，這樣活著才是錢的主人。

麗玲的店和她這個人，不急不徐，沒有那種急猴猴地做生意掙大錢的企圖心，但做事的品質不含糊。我很快發現：在這裡不能自言自語「如果有 ○○ 就好了。」

我說的往往都是自己家裡用習慣了的東西，比如邊削鳳梨一邊自言自語：「想用轉圈刀法削出漂亮的鳳梨，需要特別的刀具，如果有小尖頭的細刀就好了」——刀來了。

做橙皮布丁，在烤盤上擺橙皮碗，圓圓的橙皮碗在平平的烤盤上站不穩，擔心側漏：「如果有比橙皮大一點點的烘焙碗就好了」——尺碼合適烘焙碗來了，而且不是一只兩只，而是二十幾只……眞眞高手在民間啊，如此閒散夠用就好的地方，居然藏了那麼多精益求精的小心思。

我興之所致，上演課表之外的內容，要用橘子皮的內層橘白、配上蜂蜜黑芝麻粉做吐司抹醬。先從大把刀具中選出趁手工具內外皮分層，再換刀將內層橘白細細切成碎末，準備用蜂蜜拌黑芝麻粉的時候，我找的是回收再用的塑膠袋，但她拿出的，是一個矽膠揉麵袋，又一次讓人喜出望外。

纖維素，被埋沒的寶貝

開頭先說麗玲和她的涼麵不算走鐘，她打理絲瓜和我打理柚子有共通之處，除了全食營養，還有一點：有效攝入纖維素。

在我小的時候，計劃經濟，糧油定量供應，糧票是要分粗糧細糧的，與之對應，菜也習慣分粗菜細菜，現在想想，分粗細的標準，就是纖維的多少。自然細糧細菜口感好，似乎這才是好東西，但不知道看似不好吃不好消化的纖維質，也是寶貝。

其實也不能只怪我們那時候的認知有侷限，人類的認知侷限，多了去啦。在我二十歲之前，因爲闌尾發炎就割掉了闌尾，闌尾被當成人類進化過程中未能完成的「沒用的器官」，只會藏汙納垢。那時候醫生跟我說把它割掉以免後患是好事，還說以色列人爲了優化民族，孩子從小就會三割「割包皮割闌尾割扁桃體」。

我不確定色列人的故事是眞是假，但我確認，關於闌尾的作用，是他說錯，現在我們知道了，闌尾是「人類免疫細胞後備役大本營」，是人體免疫機制的重要部分。

我的大姊，四十年前學的是畜牧獸醫，當年我們身體一有風吹草動，她會勸我們趕緊吃抗生素「順便殺殺肚子裡那些菌」。但是，人類現在開始關注體內的菌群平衡，和抗生素在肉蛋奶中的殘留……這個不能說遠，還是回過頭來說纖維質。

人類對纖維的認知也一樣，前面已經說過不便重複。現代人面對愈來愈多的微量元素不足維生素缺乏，就要面對一個「怎麼辦」的問題。

一種辦法，現代病現代治，去買維生素丸買小麥胚芽粉；另一種辦法，是在日常飲食中回應這些現代病。不必做回原始人刀耕火種，吃東西的時候注意一些就好。比如，絲瓜的皮不要打掉太厚，再比如，吃完了柚子肉不要丟掉皮。

麗玲能用簡簡單單的做法，把絲瓜做到出神入化，爲了能夠跟她匹配，這一章裡，我也要多說幾種柚子綿的用法。

一粒柚子裡，不好吃、不能吃的東西占一半以上，在這一半裡，柚綿又占多數。

既然這一節裡已經提到了麗玲的矽膠揉麵袋，就把我拿揉麵袋做什麼一併教給大家。

我用這個處理的，是橘類水果的橘白部分。

柚子所屬的柑橘類水果有一個大家族，都生活在偏暖的南方，秋季以後登場。柑橘是被經常提到的語詞，但細分，柑與橘，其實是不同的兩類果子。無論柑橘，它們的皮都可以分成兩層，功用略有不同，外層化學武器含量較高的是橘紅，止咳化痰見長，偏白厚實的內層是橘白，擅長健胃助消化。具體到橘白的應用處理，柑與橘是不一樣的，柑橙類的皮非常堅韌，有橡膠質地，釀酒後做成冷漬果醬還有另外許多妙用，這個且聽下回分解，橘類偏薄質地也疏鬆一些，去掉了辛辣外皮之後可以直接拿來吃。

我吃橘白的辦法，除了切絲切末拌涼菜拌蔬菜水果沙拉，還會加上蜂蜜和黑芝麻粉做成吐司抹醬。

動手做做

黑芝麻橘白吐司抹醬

步驟一　橘皮分層，將外層橘紅與內層橘白分開（一種辦法是剝皮前先用刮皮刀打掉外皮，內外層分開；另一種辦法是剝開後再分層，個人偏愛使用鋸齒刀）。

步驟二　切橘白，先切細絲，再切成細末。備用。

步驟三　黑芝麻粉與適量蜂蜜倒入揉麵袋（如果不像我運氣這麼好，能夠在麗玲這裡找到矽膠揉麵袋，可以用塑膠食品袋），揉勻。所謂的「適量蜂蜜」，是要將芝麻粉充分粘合，揉成麵團，但又不要太多，蜂蜜太多會變成粘粘的糊狀，不利下一步操作。

步驟四　加入切好的橘白末，在揉麵袋內揉勻。

步驟五　我們的自製黑芝麻橘白吐司抹醬就完成了。也不必限定早餐吐司，大可是下午茶點時配蘇打餅乾，或者，我更推崇的是配不加甜的饅頭片，更低糖更健康，也更好吃。
附贈一個小竅門：這樣的抹醬用餐刀抹比較費勁，但可以隔著袋子壓薄，薄薄一層蓋到食物上更簡單一點。

動手做做

柚子綿釀酒

釀酒時，柚子綿與二五％糖水的比例抓2：8，建議不要超過3：7。

過濾後咬一下試試，如果已經是「可以吃」的狀態，就轉入冷漬果醬，製作方法參照九四頁。

如果咬到嘴裡還是太過堅韌，「像橡皮」，那就繼續加糖水釀第二次，柚綿釀酒的評價一直很高。第二次糖水比例可以調到3：7，或者，4：6也可以。要看上一次釀酒的狀況，以及自己對苦的耐受。一般來說，就算是非常堅韌的品種，在釀過第二次之後，就可以變得好咬。

柚子綿質地堅韌，是「好吃」的大敵，剛剛濾酒得到的柚綿不僅堅韌，不甜又泛酸，更不好吃。爲了好吃，也爲了保質，就要繼續加工——加糖冷漬。

只要說到糖，低糖一族總問有沒有低糖的辦法呢？辦法當然有，但低糖製作不宜久存，必須一周內吃完。或像我曾經做過的那樣，濾酒後立即放入冰箱冷凍。實在不願加糖，也可與其他偏甜的冷漬果醬搭配一起吃。比如，濾酒後的柚綿不加糖直接切細絲，與紅火龍果冷漬果醬搭配，既能改變口感，也能調整糖度。

附贈彩蛋

更多與柚綿冷漬果醬搭配的低糖食譜

步驟一　切細絲，胡蘿蔔切細絲（都是越細越好），柚綿絲：胡蘿蔔絲的比例可以在1：9與1：4之間擺盪視自己喜好而定，再撒一點炒熟的黑芝麻或者黑芝麻粉，柚子綿的清香甜美＋胡蘿蔔的原味清香＋熟芝麻的油脂濃醇，色香味俱佳，加入黑芝麻不僅爲了配色、提香，還因爲它是優質健康油脂，而胡蘿蔔裡的維他命是脂溶性的。

步驟二　切玉米粒大小的丁，與橄欖油醋醬搭配，做沙拉汁。在有玉米粒的沙拉裡，也可以不入醬汁，而是與玉米粒等量，先拌在一起，同時出現。

步驟三　入料理機打泥，使用方法參照市售果醬。打泥後的柚綿冷漬果醬也可以用來調製沙拉醬汁。

步驟一，將水果放入容器
加入一大匙糖，均勻地撒在材料上

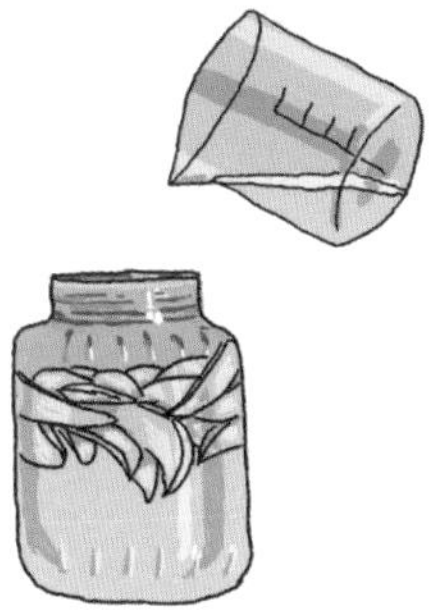

步驟二，混合柚子綿與25%糖水，
建議比例2:8，不超過3:7。

步驟三，加酒引（或酵母）

步驟四，加檸檬汁

步驟五，封口

步驟六，釀造七天後過濾。
過濾後如果柚綿咬在嘴裡
仍然很堅韌，就繼續加糖水釀第二次
比例可提高至3:7或4:6。

第八章

沒有最好，
只有更好！

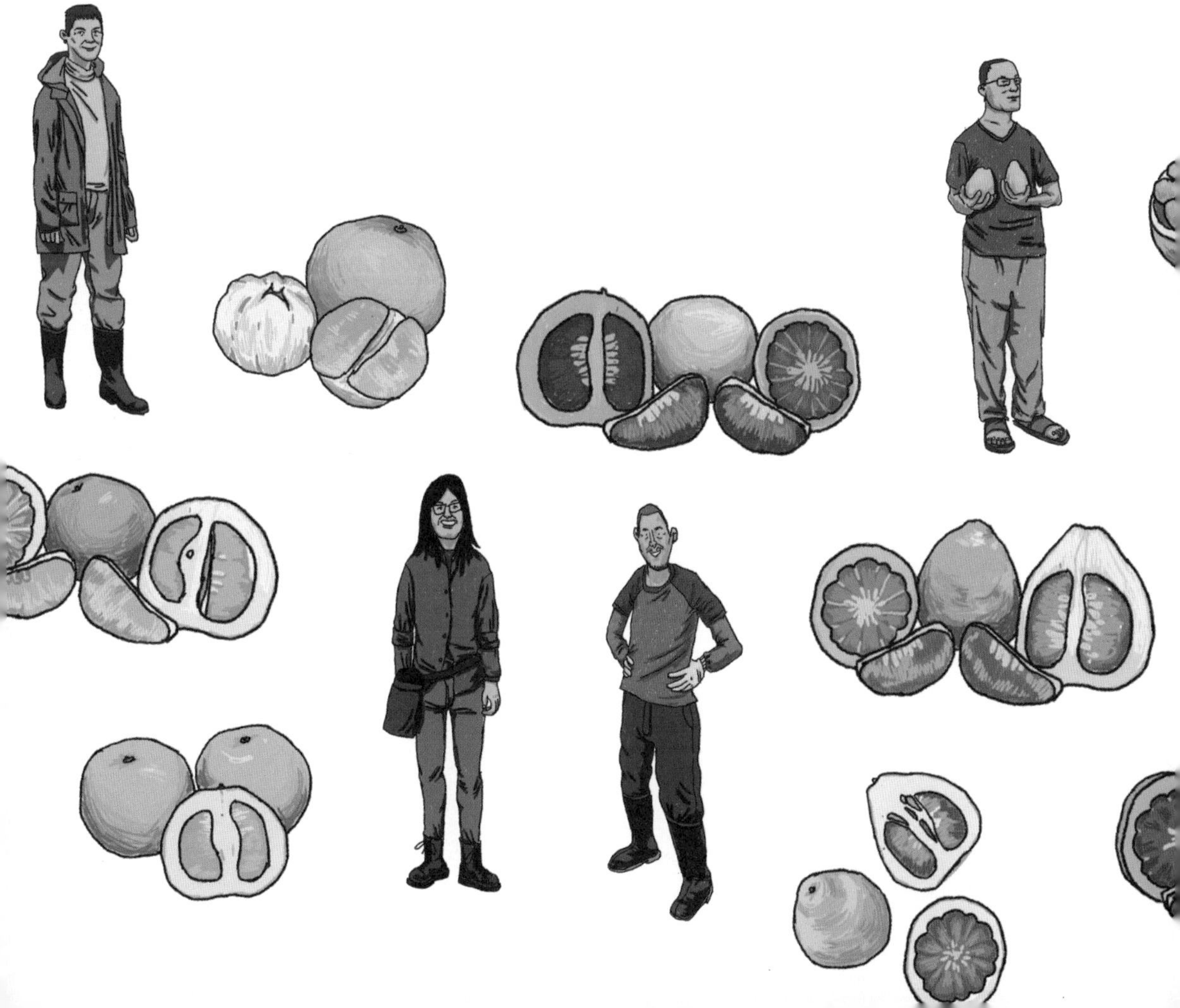

前面分別從柚籽、柚肉、柚子隔膜到柚綿一路說來，現在應該是說柚子皮了。花蓮的第四節課程，還是在美滿蔬房，是同一天的下午。但是，這一章的開頭，我必須先將柚子皮放一放，因為，禮安來了。

開頭必須先講禮安的故事。她和麗玲都是給我很多啓發的花蓮朋友，麗玲「夠用就好」，在錢面前成為錢的主人，禮安辭職有所不為有所為，在生活中成為生活的主人。

成為自己的主人

禮安是我在花蓮最早認識的朋友，也是幫我在當地聯絡課程和各種資源的人，開頭幫忙請湯平接站的，就是她。

第一次見到她是二〇一七年，在我徒步環島的過程中，朋友的朋友也是禮安的朋友，於是有了我的花蓮第一課。

那時候，禮安是一個知名公益組織的主管，學員是他們的服務物件和志工。

這是一個有十幾年歷史的老牌公益組織，不僅早就入選臺灣課本，還得到很多國際性獎勵、享有全球聲譽。禮安忙裡忙外滿天飛，跟我們在很多公益組織裡見到的一樣。

那次短暫交會中，她提到不遠處的一方農田，風景特別美，每次經過都會想，如果能停下來就好了，但是似乎又總沒有時間。有的時候，開車經過正好遇上朝霞或者晚霞，就會停車看一會兒。

不久之後再聯繫，她說：「我準備離職啦。」以爲她要跳槽，都知道公益團體職業經理人的人才斷層，以她的積累歷練，很多地方都需要。但她說哪兒也不去，要給自己放個大假，至少一年之內不工作。

離職之後，遠遠在臉書上看到禮安的變化。運動多了，跑了人生的第一個半馬，去遠足、爬山。學習多了，在不同地方上不同的課，都是想學但一直沒有時間的那種。

中間她還來宜蘭，一次是幫農友插秧，一次是我的釀造課，一起用我的水果酒做各種各樣的創意料理。

說到未來，她說不會答應全職的全日制工作，一方面是爲給自己更多空間，另一方面是因爲曾經的困惑。她曾在大型跨國企業工作，很早就確認不是自己要的生活，進公益團體又發現一個悖論：「我們確實是在做有益社會的事，有價值也有意義，但很多機構本身往往是帶病運行，員工和志願者超量付出，對身在其中的工作人員並不友善。」

我們都知道這是普遍現象。兩岸公益組織流行接近的段子，比如「拿女人當男人用，拿男人當畜牲用」，臺灣版本是「拿女生當男生用，拿男生當畜牲用」。很多人一邊抱怨一邊認命，也有的辭職後空一段時間再換另外一個機構繼續抱怨，但禮安沒有再次回到這種困境裡。

慢慢一年過去，能夠體會到禮安的變化。她的身材愈變愈好，不是瘦，本來她就不胖，而是身姿體態和人的狀態的變化，她上了一些專門的瑜伽課程，也在做系統性的學習和訓練，又說也許有一天，會做一個瑜伽教練也說不定呢。

她又開始間斷工作，當然收入不高，但都是喜歡的事情，而且，是她喜歡的方式。包括「美好花生」，也包括在一家環保團體做手工。不僅喜歡工作的意義，也喜歡細節中對女性的友善，價值意義和工作本身都是美好愉悅的，至於錢，則是「夠用就好」。

禮安的狀態愈來愈好，放鬆自己徜徉風景之中，和只能在匆匆途中停車小駐，不可同日而語。

她並沒有因辭職而離開公益，而是在重新界定公益理想與個人生活的關係，包括有更多時間投注自己身邊的社區生活。她居住的「志學五百戶」是一個非常有趣的社區，有經常性的共食、共學、社區市集和與周邊的互動，我上一次來這裡的課程就是她聯絡的。

禮安這樣的朋友在花蓮有很多，河川保護、海洋探索、教育科普、土地正義、參政助選無所不包，不是把選擇變成工作，而是在人生理想、公共責任、社會擔當與現實生活之間，找到屬於自己的位置。

當地當季柚子&阿拉斯加深海魚油

插播了禮安的故事，再回來繼續講柚子釀出來的酒，這一回要講的是柚子的皮，飽含化學武器辛辣刺激的外皮。

柑橘類植物在保護自己時擅用化學武器，其中以柚子的彈藥儲備最爲充足。金橘可以連皮吃，沒聽說過有人敢吃柚子皮，太過刺激。

網路查詢柚皮成分，柚皮甙、新橙皮甙、胡蘿蔔素，維他命族，許多成分都有抗炎作用，但是隨後又有一句「柚皮複合物較提純物抗炎作用更明顯」，譯成日常用語就是：直接吃柚子皮比分門別類吃一大堆藥片效果更好。

寫到這裡禁不住曬一曬網上隨手抓來的一張圖片。時尚修辭科學原理看似分門別類講維他命重要性，其實在推銷維他命丸，貌似科學道理健康原則，最終都通往了我們的錢包。

維他命族群當然重要，但人類獲取的途徑絕非只有藥丸一途。皮膚表面曬太陽可以合成維生素，纖維素在腸道也能變出維生素，人類千百萬年一直這樣擷取生命能量包括維他命，自然生活自然飲食自然什麼都有了，世上本無事，但是現在先有精緻飲食導致缺這少那、然後再來各種藥劑補充大交智商稅，實實庸人自擾之，說到底是資本在擾動我們的錢包。

不論在中國在臺灣，都有人推銷深海魚油，還有各種各樣的科學權力爲之學術背書，說研究證實阿拉斯加人心血管病發病率如何如何低、魚油如何可以保護我們的心血管健康。如果讓阿拉斯加人跟我們一樣坐在屋子裡打電腦、吃各種垃圾食物，就算吃再多魚油也救不了他的心血管。問題在於我們的生活方式本身，高價魚油不過又是一道智商稅。

漫長遺傳演化的過程中，當地的生活條件和食物結構已經被寫入我們的生命，每個地方有不同的基因與腸道菌群，最健康的辦法就是吃原食、吃全食，吃在地、吃當季，自己動手，拒絕添加，這樣吃，自然健康。

再說回我手中的柚皮，臺灣是柚子產區，秋冬季節臺灣人就應該吃柚子。吃柚子就應該全食物利用，這樣吃，根本用不著什麼添加補充，吃果皮比花高價買果皮提取物好太多。

那麼，怎麼吃柚子的皮？

反正我不會直接吃。雖然在課程中我會撕一小塊，問有沒有人願意嘗嘗。

要知道，這是連阿美族都搖頭拒絕的東西哈。

分而治之不如一釀了之

我的釀酒班裡有過各路人馬，還曾經有中央研究院植微所學科學的率隊前來。我嚴重懷疑他是來踢館的。不過沒關係，踢來踢去，就踢成了球友……對不起我說錯，不是球友是朋友，我們都不踢球。這位朋友，就是我上一本書裡出現過的科學人士徐子富。

子富給我講過一個香蕉皮的故事，說青香蕉皮裡含有人類合成血清素前驅物 5HTP，確實有抗抑鬱作用。於是，他的科學家同行試圖在實驗裡提取這種東西，買來青香蕉在實驗裡大卸八塊，磨碎萃取脫水提純……然後，去除巨大一堆香蕉泥垃圾之後，得一小瓶，我記不得是十克還是五克，這次實驗當然極其昂貴，科學家估算，如果批量生產會大大降低成本，估計有望降至三千台幣。

我的做法是，把一串青香蕉拎進廚房，用刮皮刀取下外面的青皮釀酒，然後把脫掉外衣的香蕉擺放在乾毛巾上放在通風處。三天後，香蕉成熟吃下進入人體輪迴，剝下來的香蕉皮可以堆肥或者做清潔酵素。七天後，香蕉皮酒過濾，那叫一個好喝，釀酒之後的皮尚有部分有效物質還有大量纖維素，可以做成冷漬果醬吃掉，零垃圾排放。

子富大叫說這是神來之筆：「5HTP是醇溶性高的物質，也就是說，光只吃下肚跟胃酸接觸仍是吸收微量有限，但是，它溶於乙醇。」——我早說了，乙醇，是天使搬運工。

那麼，我的這瓶寶貝價值多少呢？

逼得全無算數概念的我只能硬著頭髮算一算。

白砂糖每公斤四十台幣，用量兩百克，八元。

一斤青香蕉三十台幣，只打外皮，其它照吃不誤，就算十元。

回收利用的寶特瓶不花錢。

算來算去花費只有十幾塊，就算水價值兩元也才勉強二十元，百不及一。

而且，青香蕉皮裡有很多寶貝並不是只有5HTP，一釀了之其實比定向提取更完整，說不定哪一天，你會看到一句這樣文謅謅的話：「青香蕉皮複合物較提純物抗抑鬱作用更明顯」。

柚皮這樣的寶貝 怎能一釀了之

說完了香蕉皮，再回過頭來說柚子皮。其實我相信，當我說過了前面的故事，後面也就不用說太多了，即使我們花費百倍以上的價錢買提純後的製成品，效果也不如直接用全品來得好。

對於柚子的外皮，全品利用，我首推釀酒。

釀酒的做法參照前述不復重複，只提醒一點，柚子皮裡的化學武器不是每個人都消受得了的，所以，第一釀濃度儘量低，不妨試試1：9。

注意喔，我前面用到了一個說法：「第一釀」。

是的，我對柚子外皮的釀造利用，從來都不止於一釀了之。我要二釀三釀甚至四釀五釀，因爲，這樣不僅會一而再再而三得到好喝的酒，還會得到好吃的冷漬果醬，沒理由淺嘗輒止。

因爲柚皮含有大量柚子爲生命自保而聚積的化學武器，人類拿來使用的時候有消炎殺菌的作用，當我們釀酒的時候同樣也有殺菌作用。所以建議：一、柚皮釀酒時可以多加一點酒引，雙倍量，如果是自製酒引直接加倍，市售水果酒釀造酵母，每一千毫升用量爲一克，麵包酵母爲二克；二、釀造時間可能會稍長一些，第一釀初濾的時間可能會變成九天或者十天，具體要視當時品嘗的情況而定。

有人也許受不了沒完沒了的大桶美酒一直湧過來，終於受不了啦：一直釀一直釀，有完沒完呀？

不是沒有完，而是要看具體情況。三釀四釀之後，可以將釀酒之後的柚皮放進嘴裡嘗一嘗，如果已經覺得可以吃，那就不必繼續釀了，用冷漬果醬的方式處理。

冷漬程式完成之後，原片保留、切絲、打泥皆宜。

因爲柚皮精油含量高刺激性強，即使原片保留，吃的時候也是需要再次改刀加工的。我最常用的方法是切絲。可以拌中式涼菜也可以調西式蔬菜水果沙拉，還可以用於烘焙。冷漬柚皮用於烘焙足夠香，但是提醒：烘焙後吃進去的柚皮，就不再是活菌了。

打泥後可以直接做吐司抹醬，也可以用於調製沙拉醬汁。

如果擔心糖度，用法參照一二〇頁。

更好的在你自己手中

這一次去火車站接我的時候，湯平說他們家的柚子酒，留到最後的是柚皮釀成的：「實在太好喝了，好喝到捨不得。前幾天朋友來家裡做客，才喝掉了。」

柚皮酒確實好喝，很多人都說這個最好喝。

我做柚子系列酒品嘗的時候，一般都是由最裡面的柚籽柚肉開始，一層一層向外來，依次是柚子的隔膜、柚綿、外皮，全部演員出場之後謝幕之前，一般會帶大家做一個總複習，往往會聽到「我最喜歡 OO，OO 最好喝！」

這樣的話明明是讚美，但我一聽就翻臉，而且翻臉不認人：「在我的課堂上，不許這麼說！」

永遠也不許說什麼最好。

釀造只是我們與食物對話的方法而不是一個答案，我們的課程想做的就是推動大家自己動手，永遠不要說什麼最好吃什麼最好喝，永遠都沒有最好只有更好，更好的不是我給了什麼，而是你們自己做出了什麼。

所以，我也就不在這裡公佈學員的測評結果了，一粒柚子能釀五種酒，我樣樣都愛，不管是隔膜還是柚綿還是外皮，各有千秋，喜歡哪樣都有道理。

其實，不論是不是柚子系列，也都一樣。

步驟三，加酒引（或酵母）

步驟四，加檸檬汁

步驟五，封口

步驟一，將水果放入容器
加入一大匙糖，均勻地撒在材料上

步驟二，混合柚皮與25%糖水
建議比例1:9

① 第一釀，柚皮與糖水的比例，1:9。

② 過濾之後的第二釀，柚皮與糖水的比例，2:8。

③ 過濾之後的第三釀，柚皮與糖水的比例，3:7。

④ 過濾之後的第四釀，柚皮與糖水的比例，4:6。

第九章

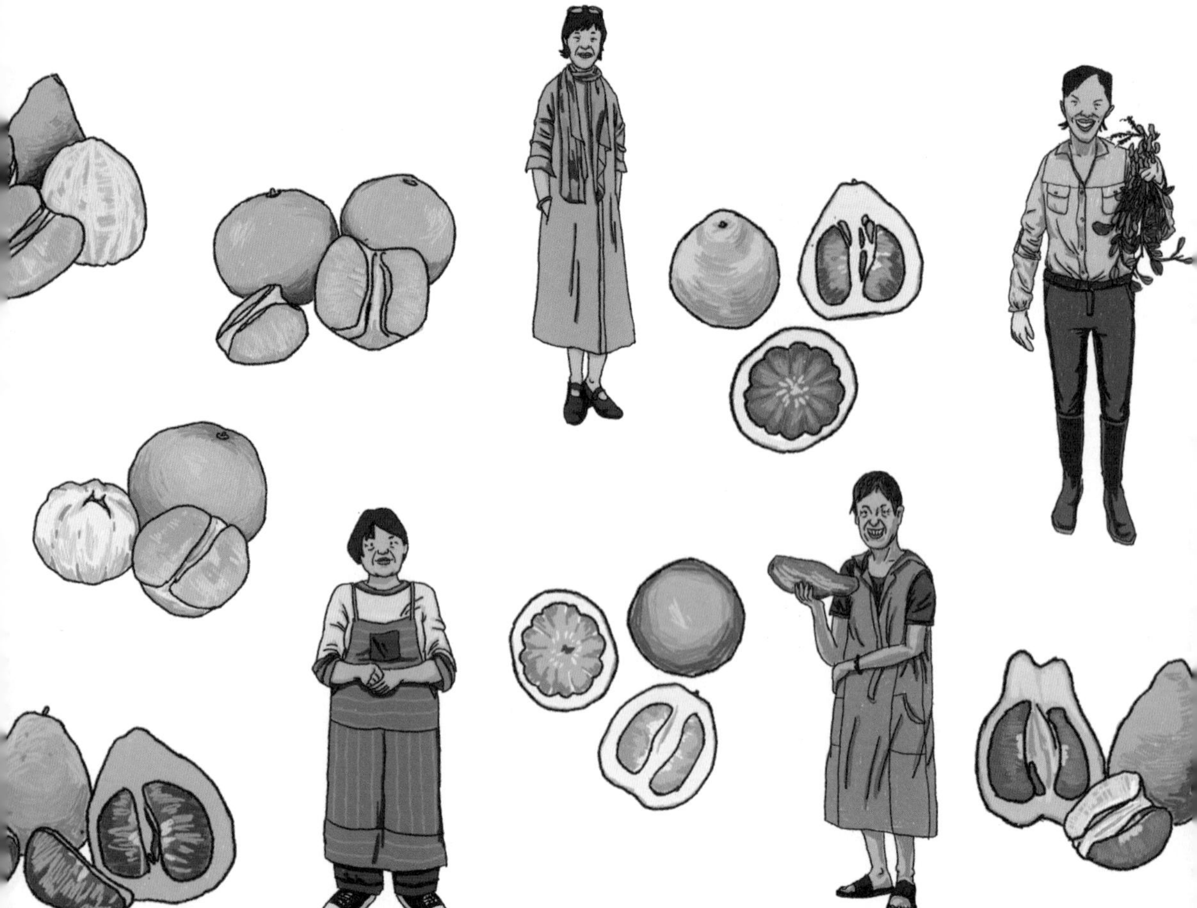

你的餃子
你作主

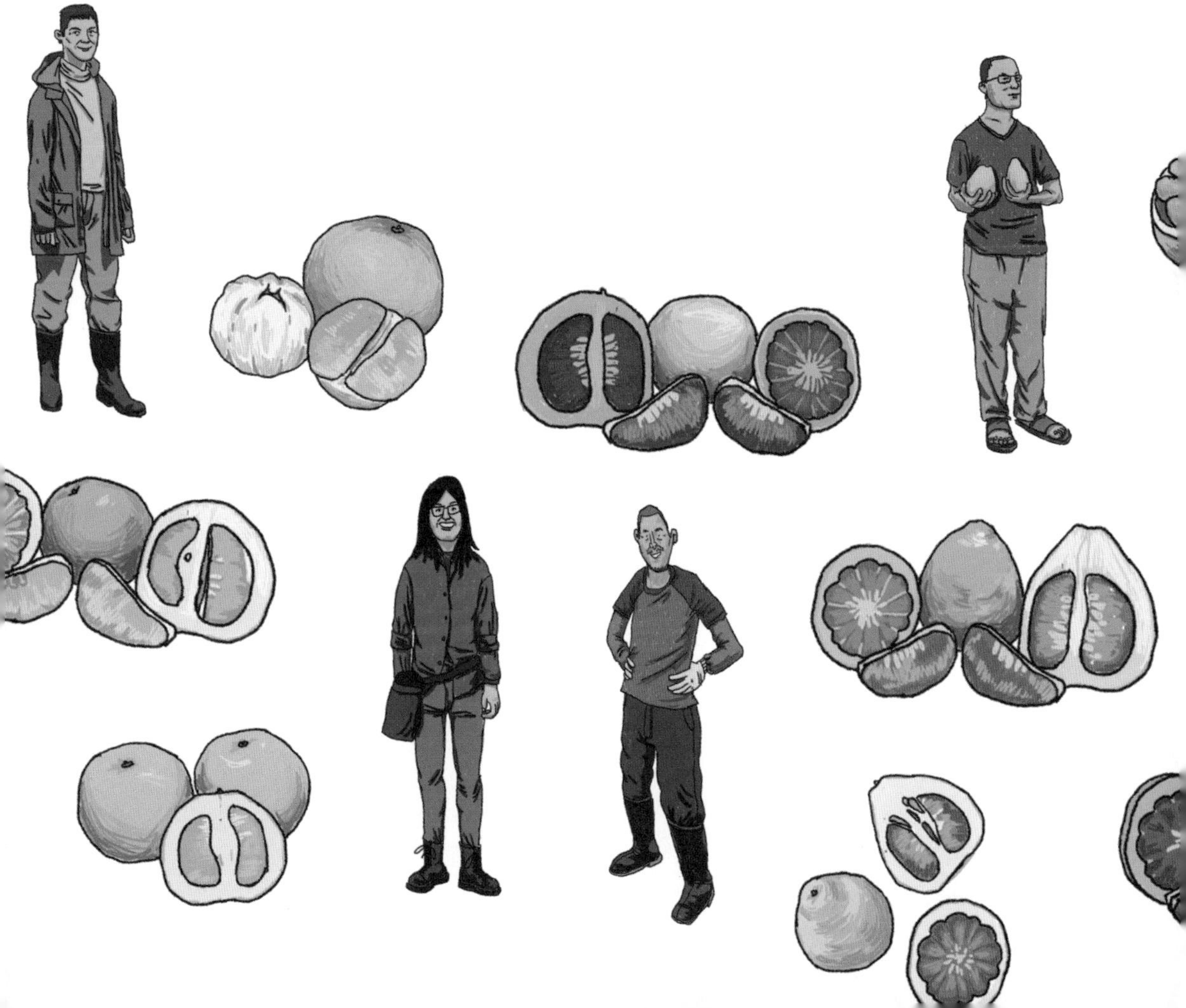

我的廚房交響樂裡，並不是只有柚子，還有柑橘，也並不是只有各種釀酒與冷漬果醬，還有熱炙。既有柚子獨奏一枝獨秀，也有兩種或者多種柑橘混合雙打或者打群架，還有柑橘與其他各種水果或者非水果混戰一團。如果上全套水果課程的話，最後樂章，都是柑橘熱炙，以餃子結尾。雖然我一直明確反對用加熱熬煮的辦法對付水果，但只有一種例外，就是柑橘類的皮，所含柚皮甙、橙皮甙一類，受熱釋出，宜用「火攻」。

簡單的加工最好吃

柑橘類熱炙雖然好吃好玩，也適合全家上陣親子共做，但必須承認有一定難度。不過沒關係，我的課程，就是要讓那些看似不可能的事情成爲可能，包括貌似有些難度的柑橘類綜合加工。現在先從最簡單的說起：柚子綿。

柚子綿，是柚子廢棄物中的最大宗物品。我曾經做過實驗，將一粒標準重量五四七克的柚子分類稱重，得到的柚子肉是二五七克，柚子皮、柚子綿、柚子隔膜、柚子籽。以柚綿最重，體積也最大。因爲柚綿有苦味，所以釀酒時也不宜加多，如果是用與釀柚肉一樣的桶，往往還會剩下一些。丟掉嗎？

怎麼可以，要知道這是瑤鈴的柚子呀，每一粒都是寶貝，一絲絲也不能浪費。

那麼接下來要出場的，是柚子綿的熱炙。

第一次在花蓮現場上演煮柚綿，是在美滿蔬房，當時面對釀造課上剩在桌上的一堆柚子綿，說著說著我立卽跑去打火熱鍋加水，把手裡抓的柚子綿丟了進去——是的，就跟麗玲一樣，我也鍾愛最簡單的加工辦法，處理柚子綿，就是煮，煮熟就好。撈出來泡涼水降溫，擠乾水分，提刀切絲——ＯＫ。

就這麼簡單？連麗玲都不可置信。

正好也到了午餐時間，麗玲按她自己的習慣備飯，我在她煮湯煮菜的時候都加了一點柚綿切成的絲，事實證明，確實百搭好吃。

就是這麼簡單，柚子綿，一直是我家廚房裡常備品，百搭好用。就像麗玲料理有她自己的套路一樣，每個人都有自己的習慣用法，我的習慣是吃柚綿。

我不吃肉，平時自己一個人吃飯極少用油爆鍋熗鍋，以煮爲主。一般都是到了要吃的時候，才去院子裡找菜，地瓜葉生菜葉紅菜葉有什麼吃什麼，扯一把回來隨便洗洗丟下鍋煮，煮的時候會配豆皮或者豆絲，起鍋後拌一點提前炒製的醬料（炒製方法開篇時講過）。我家一般會常備兩種，豆丁炒醬，和蛋酥炒酸豆，都是百搭好用的拌料。

當然，還有我的百搭配料——儲在冰箱裡的柚子綿。

我處理過的柚子數以麻袋計，而我的釀造桶容量有限，想都釀酒是不可能的，一下吃完就更不可能，感謝現代科技，我有兩個冰箱，柚子綿是一年四季常備品。

柚子綿的處理方法

整塊下鍋煮熟。是否記得一開始做準備工作的時候，給柚子脫衣服，我說如果辭水後柚子綿變成棉花削不動，那就整個剝下來，以後還能用，用處就在這裡。

整塊下鍋煮熟，煮熟之後的柚子綿，撈出洗淨擠水，然後切絲，盡可能切薄，後續使用更方便。軟塌塌的不容易切細，還有一個小竅門是先平鋪放入冰箱，等到剛剛凍住但尚未硬如頑石火候，這種境界最容易切出超薄細絲。

切絲後，我會找出重複使用的回收塑膠袋，將切好的柚綿絲攤成薄薄一層，平平放入冰箱，如此一層一層疊進去，吃的時候比較方便。煮菜的時候加一點，湯會變得很清爽，有一絲微微的苦。這樣的蔬菜、豆製品和醬料的油脂香醇正好互補。

不只在我的廚房才百搭好用，已經在麗玲的廚房裡試過了，配她的湯和菜，都好吃。

柚綿的運用，並不是唯有釀酒一途，可以入湯、入菜，還可以包餃子，肉餡、素餡、甜的鹹的來者不拒，都好吃。還可以入火鍋，火鍋一般都是厚味濃香的綜合鍋，加了柚綿就會變得清爽好吃，特別適合爲肉鍋解膩。

釀過柚子綿　火鍋冷食皆相宜

說到爲肉鍋解膩，還有一個味道很好但未必符合活菌利用原則的吃法，我自己不用，說出來，供大家選擇。釀酒之後的柚子綿，不用經過冷漬果醬程式，就可以直接丟進去煮火鍋。不要在煮湯底的時候加入，而是當菜用，用量不宜過大，就當是另外一種蘑菇好啦，滾湯之後涮一涮立卽拿出來入口，還能存留一點點酒香。這樣就不會有高糖的顧慮。如此使用的柚子綿，可以在濾酒之後，立卽分裝小袋，入冰箱冷凍。

煮好的柚子綿除了可以入熱菜，也可以入冷菜涼拌，還可以用於冷食。冷食主要用於打冰果汁。我跟臺北小小蔬房劉姐學到一招，事先將各種水果先切塊入冰箱冷凍備用，打果汁就不必再加冰塊。其他水果在打果汁時會完全糊化，但柚子綿還會有一點顆粒感，我自己非常喜歡那種口感，打任何果汁都可以加一些，用量用四分之一到十分之一都試過，是否加奶悉聽尊便，甚至試過加豆漿或者豆優格百無禁忌，或者，還可以視各位自己對苦的接受程度再做調節。

有些人爲碳排放而不用冰箱，問題來了：如果沒有冰箱、或者不用冰箱怎麼辦？也有辦法。人類保存食物的方法有：乾燥、發酵、糖漬、鹽漬、酒漬、釀造、冷藏。沒有冰箱或者拒絕冰箱的人，可以用乾燥。乾燥柚綿，是此時我正在使用的方法。

我在一個廢棄的小學裡寫這本書，生活條件極其簡約，應該有的幾乎全沒有，包括冰箱。用不完的柚子綿捨不得丟掉，就在切片之後曬乾。有陽光又有微風的日子，薄薄的柚棉單層鋪開，一天就乾透。曬乾後要小心存放，不僅要避免受潮發黴，也不能擠壓，怕碎開。這樣可以存很久，用前泡一泡回水，釀酒熱炙兩相宜。我已經試過了回水後煮來吃，也試過回水後釀酒，完全沒有問題，美味依舊。

讓纖維質變好吃

柚綿裡那些有益健康的成分，我就不再去網上找來做搬運工了。特別說明一點，就是那種撕不開咬不到的纖維質。對我這樣的科盲來說，交一些科學家朋友會很受傷，比如子富跟我說話時常這麼開頭：「反正說了你也不懂」，但有時也會很受益，因爲接下來他還會給我個通用的簡便做法：「不如就這樣說」。比如說到含柚皮在內的柑橘類外皮，他就會說「反正說了你也不懂，不如就這樣說：不管中醫講藥性還是西醫講成份，直接說柑橘類皮的有效物質含量兩倍於果肉。具體分析，保證含量只會高不會低。」

後來我發現還有一樣寶貝：纖維質。所以我的百搭簡便說法變成了：「柑橘皮的有效物質兩倍於果肉，必須特別指出的是：含有豐富的膳食纖維。」

不好意思又說到了纖維質，必須跳過，只說怎麼讓纖維質變得可以吃、而且好吃。

剛才我已經試過的柚子綿的熱炙方法。接下來柑橘全武打出場。

橘紅止咳化痰，上一本書裡提到把「已經咳死」的賴佩茹同學救活回來的柑橘套裝，就有熬制出來的橘紅醬。

橘紅醬

動手做做

步驟一　取柑橘類綜合外皮，個人體驗，單一品種口感味道不如多品種組合，如果其中有柚皮的話，建議用量不要超過四分之一，一般我會抓五分之一左右。

步驟二　原料用量。柑橘類綜合外皮：二砂糖：水 =1：1：1.5。注意，這裡用到的糖是二砂，不是精製的白砂糖，沒有二砂，可以用黃冰糖代替，這樣的糖源自帶香氣，而且煮出來的顏色很漂亮，但不可以用紅糖或者黑糖。香味太衝顏色太深也不好，什麼都講究一個過猶不及的火候。

步驟三　小火熬制四至六小時，收乾水分，趁熱裝瓶壓實，裝瓶建議不超過八成滿。

步驟四　放涼後加蜂蜜，封口靜置，建議放入冰箱保存。放置一周左右，蜂蜜浸漬進去再用更好。

食用方法　泡紅茶。第一泡，不建議攪動，最好三分鐘內倒出，不至於過甜；第二泡時間可以稍長，十分鐘內倒出；第三泡可以更久，搖一搖攪一攪，讓茶的味道和柑橘醬的甜味都散發出來。

泡茶後的柑橘，可以吃掉也可以冷凍留存，我一般是存起來包餃子。

當然也有人不泡紅茶而是做麵包抹醬，也很好。還有人直接減糖熬煮，也不完全收乾，而且是保存一點水分下料理機打成醬，不管做抹醬還是調製沙拉，還是很好。可見同樣的橘紅，可以有不同的方法。

動手做做

扣子秘製柑橘碗&橙碗布丁

步驟一　選取皮比較厚實的橙類水果。

步驟二　先用刮皮刀去外皮，注意刮掉的部分要儘量薄，手法要均勻，一定不能刮破。

步驟三　橫切半。

步驟四　用剪刀，將果肉剪出，保留完整的碗的形狀（如果運氣好，找到足夠厚的橙，而且個人手法也足夠自信的話，可以將全部果肉挖出）

步驟五　用湯匙將附著的果肉果汁刮掉（一定不能太過大力，當心刮破）

步驟六　用來釀酒。橙皮與糖水的比例，建議不超過3：7。

步驟七　濾酒後製作冷漬果醬，具體參見，九四頁。

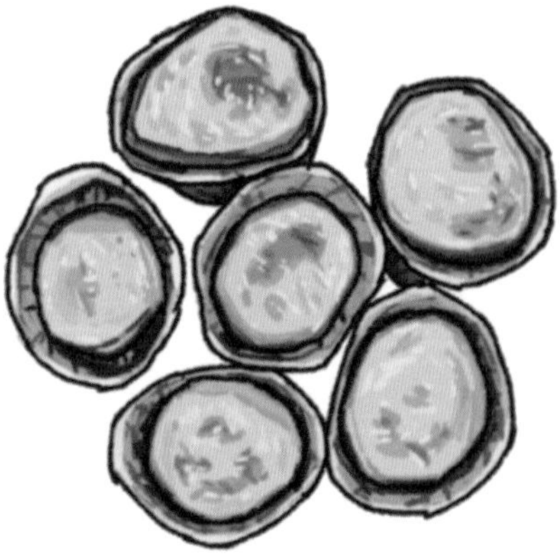

步驟一　準備蛋奶汁，蛋：奶=1：1.2～1.5，糖適量，打勻，化開備用。

步驟二　將蛋液倒入橙碗，一定要小心，把橙碗盡可能擺放合適，不要讓蛋液淌出，如果你像我運氣一樣好，能夠從麗玲那裡找到烘焙碗最好。

步驟三　入烤箱。我經歷過的烘焙時間，從二十五分鐘到四十分鐘都有，不同的烤箱有不同的個性脾氣，這個要看情況而定。

那天在美滿蔬房，我們不僅喝了柑橘紅茶，還吃到了柑橘布丁。柑橘碗，需要提前十天開始準備。預製步驟如前面圖示。一般說來，濾酒四天之後，用柑橘皮製作冷漬果醬的流程完成，就可以開始用來做布丁了。

市售布丁難免有香精添加劑，這樣自製的布丁，自帶柑橘香氣，而且，這個布丁碗是可以吃的喔。

柑橘皮在冷漬果醬階段尚餘部分乙醇，這個時候兒童不宜，因爲在烤製的時候經過烤箱內的高溫，烤成的布丁不含酒精，老幼皆宜，特別適合家人一起親子共做。

如果只是爲了提取香氣，不求連皮一起吃，可以把柑橘類皮不必去外層，全皮烤，香氣更濃郁。只是這樣皮要丟掉，有點可惜了橙皮裡的纖維質。

柚子皮也可以用來烤布丁，只是更大份一些，是全家裝。

柑橙類水果的內層皮，釀酒之後做成冷漬果醬，還可以用於烘焙。我習慣的用法，完成全部冷漬程式之後，風乾或者陰乾，切成比玉米粒稍大的丁，配核桃仁，烤鹹麵包。微鹹的核桃麵包一直是我的最愛，用橙皮冷漬果醬替換葡萄乾，品質綜合提升。

動手做做

柑橘肉餃

步驟一　備肉，提前一天準備攪肉。

步驟二　養肉餡，用花椒水順一個方向攪，我還會加一些釀過糯米酒之後的酒粕，沒有的話可以加一點甜酒釀，加活鹽麴也可以，放冰箱一夜，加這些東西不僅提香，還能活化肉質，如果都沒有的話，加一點料酒也行。薑切細末，可以在這個工序加入。

步驟三　起鍋加油，溫後入花椒，小火慢焙，至熟、酥。

步驟四　取出花椒，壓成細末，也可以請料理機代勞。個人更喜歡手工，因爲料理機打的太過細了一些，花椒的香氣散入肉味都不見，但手工壓制有顆粒感，入口更有層次——雖然我不吃肉。

步驟五　養過一晚的肉餡，加蔥末、極少量醬油、柑橘丁。

步驟六　包之前加花椒油、花椒末，加鹽調味。

步驟七　包餃子時抹的水，建議是在冰箱裡泡過一晚的蔥薑水。用蔥薑水做沾水，是跟台中魚麗人文廚房學的，俠女餛飩是她們諸多獨門兵器之一，簡簡單單一樣東西要做好吃，一定在每一個細節裡都有用心，我跟她們一起包餛飩，學到了這一碗蔥薑水。

動手做做

柑橘類素餡料調製秘訣

柑橘素餃——鹹味

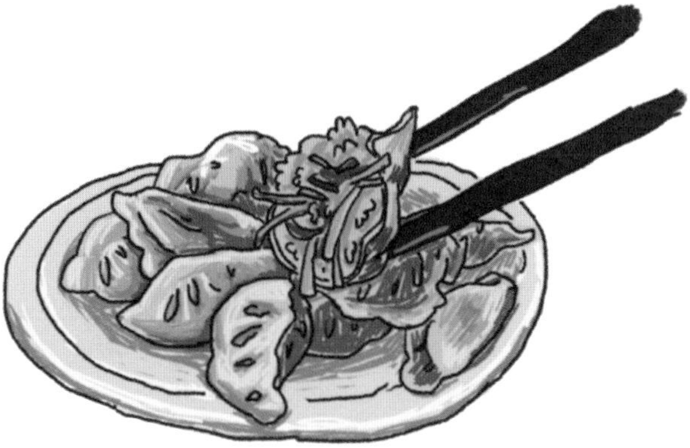

步驟一　油鍋加溫，冬粉下鍋，炸散，膨化後取出，壓碎。
說明：包餃子調餡料都要加油，素餃子的問題是會出水，要加一些吸水的材料，這樣有三個優點：一、吸水效果好；二、有梅納反應，提味；三、先用這個拌蔬菜，既可以吸水，又能幫助蔬菜創作面形成一層油膜，保水。

步驟二　油鍋炒蛋，涼後抓碎備用。

素餡料，鹹味，以小黃瓜爲例。

步驟一　步驟一 鳳梨去皮，切細末，擠水，備用。注，不要選過熟的鳳梨，水分太大，如果鳳梨太水，建議把軟肉切掉，主要選靠近鳳梨芯的部分。也不要選太生的，太生過酸，影響餃子口味。

步驟二　鳳梨末＋冬粉末＋雞蛋＋柑橘末，加糖調味。

步驟三　這一款的餃子抹水，就不要用蔥薑水啦，味道太雜不好吃。

動手做做

柑橘類素餡料調製秘訣

柑橘素餃——甜味

素餡料，甜味，以鳳梨為例。

步驟一　小黃瓜擦絲，入鹽，擠水，切細末，備用。

步驟二　蔥薑切細末備用。

步驟三　調製，先用冬粉末拌小黃瓜，再加雞蛋，加蔥薑，加柑橘末，加鹽調味，可以加一點炸過的花椒油，但不要多，這一款與肉餃子不同，清淡為主。

步驟四　包餃子時的抹水，建議冰箱裡泡過一夜的蔥薑水。

上述三種柑橘類餃子，是我自己常做的經典配置，經常有人問這樣行不行那樣行不行，我從來不會直接回答不行但也不會說行，因爲這是你吃不是我吃，你的口味你知道，你的餃子你作主。

本來就是這樣，在我之前沒人用這種方式做餃子餡，我先試了，覺得好吃好玩，也受歡迎，於是有了這些課程。惜物吃貨的初衷，只是不想浪費柑橘皮這個好東西。

用柑橘皮包餃子，有沒有別的吃法？肯定有，但要你自己試。

甚至其他果皮或者水果，有沒有可以用來包餃子的？肯定有，但是同樣也需要你自己試。

成爲自己

我離開花蓮之前的最後一課，就是柑橘布丁和包餃子。

我們有句老話，起腳餃子接風面，人出門之前要吃餃子，討個吉利。我在花蓮吃了我的起腳餃子。十月二十五日的航班離開臺北，二十四日還在花蓮。這頓餃子之後，眞眞告別，自此遠隔千萬裡。告別臺灣，告別我在這裡結識的朋友。

告別花蓮之行，見到禮安，是我這幾年裡見到她狀態最好的一次。我這幾年見證她愈來愈好。不論身材氣色還是精神狀態。

她說現在有點忙，但是忙得開心，瑜伽課程開始之後，已經收到了一些訂單邀約。這幾年的「閑」和「忙」，都是自己主動的選擇，她也說感覺愈來愈好：「以前在大公司、在著名的公益團體，別人接受你、認可你，是與你所在的機構、與你的背景不可區分的，但是現在，別人接受你、認可你，只是因爲你做的事情本身，是你這個人。」

釀酒師傅心有戚戚，亦有接近的感受。

「不被物役」是一種境界，不僅不要役于實物役于財物，其實，役於理想，也一樣。

曾有人在得知我宜蘭種田之後發問：「她的理想呢？」

我的理想，硬硬的還在呀，在我的田地裡、在我的釀造裡，在米裡酒裡餃子裡。這裡不僅是我休養生息的道場，也是我實踐理想的地方。

種田給了我這樣的可能，純粹靠雙手養活自己，不仰賴任何人任何組織任何力量除了太陽不看任何臉色。自立於土地，讓我能夠自主地決定我與現代社會權力系統的關係，而不是被權力系統決定。

既有能力關起門來朝天過，又有選擇按我所需享受現代生活。不僅在自主選擇自由意志和權力系統之間找到了一種均衡，更重要的是，找到了自己最喜歡的活法，能夠用自己喜歡的方式做喜歡的事。

我很慶幸得到這樣的機會，能在自己的理想裡，活成一個幸福的人。

第十章

不可以說「不可以」

答客問 Q&A

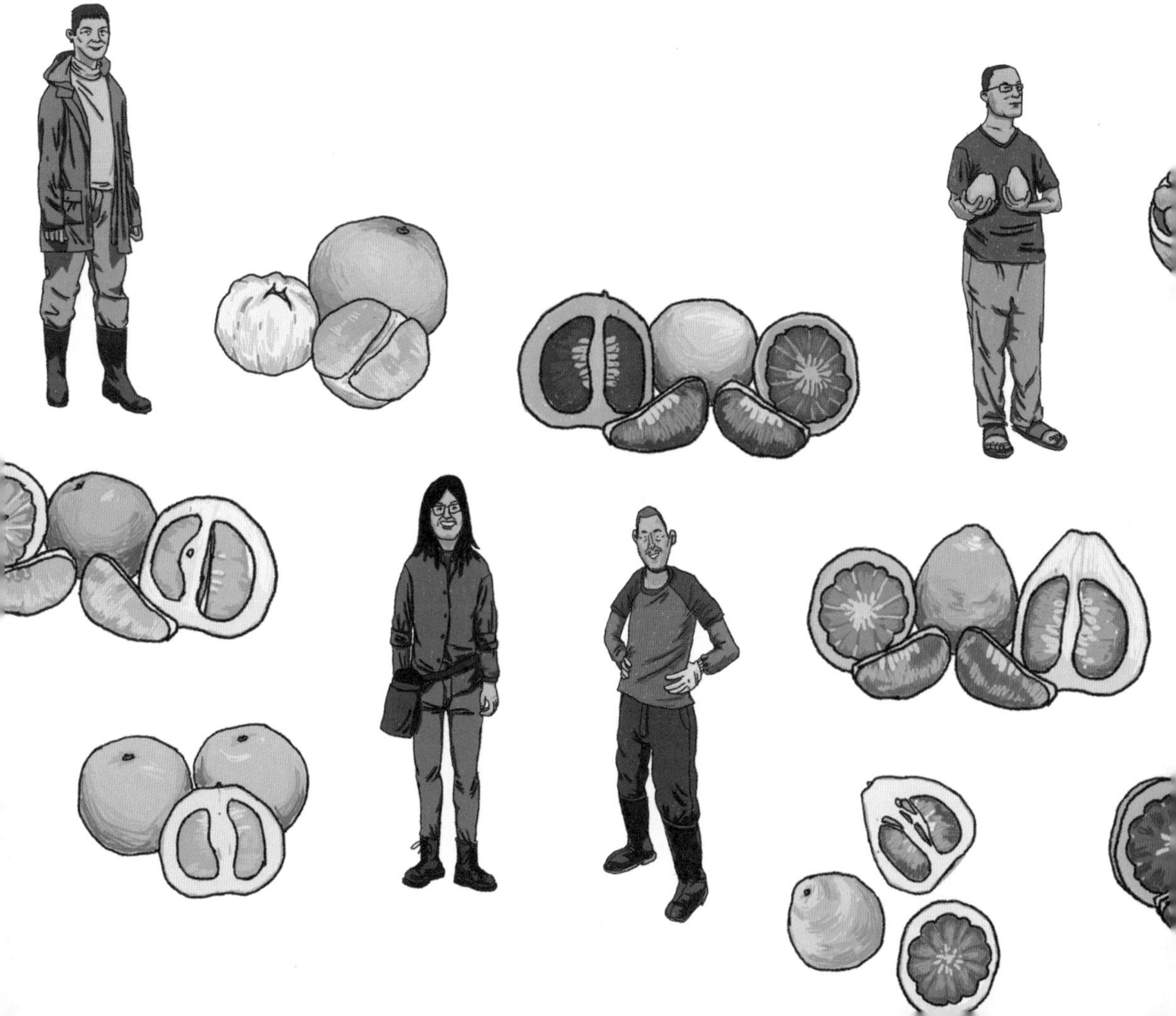

與一粒柚子地老天荒，冷製熱炙十八般武藝。是不是已經窮盡對於柚子的想像？肯定沒有。前面已經說過了，你的餃子你做主，扣子說了不算數。同理可證，你的釀造你做主，你的廚房你做主，能玩出多少花樣，眞的都在你自己的手裡。你有多少想像，就有多少可能。

前面用柚子當主要教具，把水果酒和冷漬果醬課程都跑了一遍，並附贈大量釀造之外的加工方法。看到我用如此這般匪夷所思的方法打理柚子，一定攢了一堆這樣那樣的問題，很多問題都是永恆問題，是每一節課都有人問的，所以放到最後統一回覆。

比如：你建議儘快吃完，我存久一點可以嗎？你一直說到用的是瑤玲振葦種出來的友善有機的柚子，如果我們沒有這樣的水果，市場買來的可以嗎？你的這些寶貝，小朋友吃可以嗎？使用什麼容器，塑膠瓶可以嗎？太多糖危害健康，減糖釀酒可以嗎？……

對於所有的「可以嗎？」我都不會直接回答「不可以」。因爲我怕被酒意盎然的事實打臉，曾經在我身上，發生過一個悲慘的故事。

前面說過了，之所以有這一系列的釀造課，是需求推動出來的，在分享課程的過程中，我與學員彼此學習，我從中學到的一個非常重要的內容——不可以說「不可以」。

我果皮果核什麼都敢釀，兩個冰箱箱滿爲患已經夠恐怖了，但是沒有想到，我教出來的那些瘋狂的釀造恐怖分子個個青出於藍。她們釀勢洶洶，立卽回饋「家裡冰箱不夠用了」、「吃吃喝喝的壞朋友不夠用了」，那種上山下海無所不釀的氣勢，讓我自愧弗如。

「OO可以釀嗎?」這是釀酒課上經常被人問到的問題。

自恃釀多試錯多，一開始總是不加思索，就用自己的判斷給答案。台中木蘭問我「荔枝殼可以釀嗎?」我隨口就答「不可以」。不是隨口亂說，有根據哦:荔枝殼木質化嚴重，入口極澀，而且聞起來沒有香味，全無可取之處——所以，不可以釀酒。

但是沒有想到，十天之後再去台中，木蘭卻帶來了一個小小玻璃瓶，裡面是正在釀造中的荔枝殼，打開蓋子一聞就被嚇到:那麼香!都說高手在民間，現在必須再加上一句，香氣藏在荔枝殼裡。

再一試味道就哭了，恨不得把自己舌頭咬下來:這麼好喝的寶貝，我怎麼會錯過!

嗚嗚嗚嗚木蘭教會我不可以說不可以。

從此以後我就學乖啦。當秀嬌姐問我蒜頭可不可以釀酒，我就非常狡猾地說你可以試試。秀嬌姐是誰啊?早在戒嚴時代就敢公然申請獨立媒體，那麼敢做敢當的人當然釀了蒜頭酒沒有懸念，廣大釀造恐怖分子求證的結果種瓜得豆，李美麗居然已經在用蒜皮釀酒啦。

後來我在台中不僅喝到了茶葉酒，還有玫瑰酒野薑花酒一衆匪夷所思，這些創意無窮釀膽包天的恐怖分子，沒有什麼是她們不能拿來釀的。

她們教會我必須記住:永遠不可以說「不可以」。

各位讀者可以移駕書末，欣賞釀造恐怖分子們的成果!

Q & A

Q：你建議儘快吃完，我存久一點可以嗎？

A：這個問題指向了釀造品的保存期限。建議儘快吃完，不要長於半年。我考慮兩個因素：一、會不會壞？二、食物的活性。

說到會不會壞，先說我自己的案例：二〇一七年十二月剛剛進入村莊，就從楊文全家裡摘來土楊桃立卽釀酒，品質人見人愛，其中一瓶放在冰箱角落，直到二〇一九年八月我搬家時才被重新發現，非常好喝，二十個月左右，沒有壞。再說一個冷漬果醬的案例，二〇一八年早春，從賴青松家採回來的桑葚，釀酒後得冷漬果醬，也是忘在冰箱裡，二〇一九年八月臺中釀造恐怖分子部隊來我家上課，挖冰箱時看到，拿出來立卽嘗試，非常好吃，十六個月左右，沒有壞。

雖然不會壞，但我依然建議儘快吃完。我們的水果酒和冷漬果醬都是活菌食物，凡活的東西都有一個生命週期。時間一長，所有的詩意都會歸於現實，塵歸於塵、土歸於土，酒歸於無。對不起說錯，準確地說，應該是酒歸於酶。

釀造進程的第一步是微生物（各種釀酒菌）吃糖產酒，第二步還是微生物（主要是醋酸桿菌）吃糖產醋，第三步，微生物壽終正寢，最終留下一瓶酶。前面已經說過了，釀醋菌不僅能把糖變成醋，還能把酒也變成醋，把所有能吃的都吃光之後自己也會死，最終留下來的是微生物的代謝物——酶（通稱酵素，科學家又弄新詞——益生元）。

回到最初的問題。存久一點可以嗎？不是不可以，但上天給我們的食物是讓我們用來吃的不是讓我們用來存的，儘快吃掉好啦。也免得釀酒菌垂老之後夜長菌多，不知不覺吃下我們不想吃的東西。

Q：你一直說到用的是瑤玲振葦種出來的友善有機的柚子，那市場買來的可以嗎？

A：可以用，但必須特別處理。我主推果皮釀造，農藥殘留當然果皮高於果肉，儘量不用來源不明的市售果皮。但我此時寫這本書的時候正在釀的酒，用了很多市售水果，初到福建，只能從權。

使用市售水果，注意幾個細節：一，儘量選當地果品不買進口水果。進出境貿易，一定殺菌，這是要用藥的，長途運輸食物里程長，保鮮也靠加藥，具體用了什麼以及危害，敬請自己上網查詢。二，儘量使用當季物產，幾乎所有反季節農產品都大量用藥，不只水果。三、市售水果不用外層皮——我特別注明了外層皮，比如，我現在正在釀的火龍果皮要先內外層分開，本來在宜蘭，友善農友種的果子也是內外層分開，分別釀造味道各有千秋，得到的冷漬果醬也一樣。現在則是分開之後，外層皮倒掉堆肥，內層皮用來釀酒。同樣的道理也可以適用於柑橘，以及其他。

Q：你的這些寶貝，小朋友吃可以嗎？

A：酒和含有酒精的食物，都不要讓小朋友吃。但橙皮布丁、生製熱炙的兩類柑橘抹醬，還有柑橘餃子，都不含酒精，不僅適合給小朋友吃，還適合全家動手親子共做。

另外限於篇幅，這本書裡不會出現的，果皮釀酒之後曬乾做成冷泡水果茶，活菌、零添加，保留了水果香氣，非常適合小朋友。更多請見冷漬果醬含有微量酒精，不適合直接給小朋友吃，但是稍加處理就可以。處理的辦法多種多樣，可以攤開放在正午太陽下曬，也可以放入烘碗機低溫，還可以用電風扇吹，因爲乙醇沸點攝氏七十八度但水是一百度，環境的物理變化特別容易送走酒精。送走乙醇之後就可以給小朋友吃，低糖、無添加，比買來的果醬好。

Q：使用什麼容器，塑膠瓶可以嗎？

A：怎麼不可以？只要是能夠盛水的容器就可以用來釀酒。還記得杜康最初用的容器是什麼嗎？是一樹一洞！

不騙你，有神話傳說爲證。

家庭釀造，玻璃陶瓷容器皆宜，建議首選玻璃——因爲能夠看得到水果的變化。自己在家裡玩釀酒，要的是酒，也是樂趣，看泡泡跳舞很療癒，但陶瓷容器把這舞蹈私藏不給人看，所以不推薦。

Q：塑膠容器可以嗎？

A：可以的。二〇一七年我一邊徒步環島一邊釀酒，用的都是寶特瓶。

接下來就是選什麼瓶的問題。塑膠製品分兩種，大多數是聚乙烯塑膠，溶解於乙醇，濃度愈高溶解力愈強，所以，不可以用塑膠瓶裝高度數白酒。但是我們的釀造過程只有七天，短時間低度數酒的釀造和儲存，是可以的。

還有一種塑膠瓶是非聚乙烯類，不溶於乙醇，一般不怕燙的都是這一類，這是我行旅釀造生涯裡的首選容器。

Q：爲什麼我選來選去總是塑膠？

A：一則玻璃太重又易碎，人在途中只能從權。二則我主張塑膠製品儘量重複使用，對已經產生的塑膠垃圾，儘量重複使用至少強過丟棄，還可以減少新的購買。

我在宜蘭大量釀造用PET塑膠發酵專用桶，原因：一、有排氣孔，氣體能出不能進，可以放心密封；二、有發酵專用壓網，可以把水果壓在液面之下，無暴露在空氣中變質之虞；三、廣口，濾酒時先把浮在上面的水果撈出來可以事半功倍，而通常玻璃瓶都是大瓶身小瓶口無法操作。

台中的樹合苑，現在已經是推廣果皮水果酒釀造和冷漬果醬的重要站點，店長楊雪華在介紹扣子的時候一般都是這樣開頭的：「春天開始就聽樹合苑發起人陳孟凱總是扣子長扣子短，扣子寫了什麼書扣子釀了什麼酒。當時心想，釀酒什麼了不起？直到那一天，孟凱拖來一整箱，都是扣子釀的酒。一箱都是寶特瓶，而且，一看就知道，都是用過很多次的那種，裡面裝了各種各樣的酒，喝看看被嚇到，每一種都好喝得不得了……」瞧瞧，回收瓶重複使用，還能幫人找到志同道合的合作夥伴。

Q：太多糖危害健康，減糖釀酒可以嗎？

A：可以。

我理解減糖的願望，但我們又必須尊重釀酒菌的特性，它最喜歡的糖度是二五%，其實也沒那麼精確，而是二十至三十%這個區間。

所以，可以減糖，但不要低於二十%。不僅關乎乙醇濃度、是否好喝，也關乎釀造性質，糖若低到更適宜醋酸桿菌，我們可能得到的是一壇醋。

釀造，是我玩過的最爲妙不可言的遊戲。同樣使用果皮果殼，以糖和水做配料，如果我們釀成醋的話，照樣還能得到冷漬果醬，醋與酒相比，幾乎就是有百利無一害。釀醋遊戲雖然好玩，但不是本書的任務……。

與糖有關確實有太多問題不得不說，請移步下一章：不可不說的糖與脂肪。

第十一章

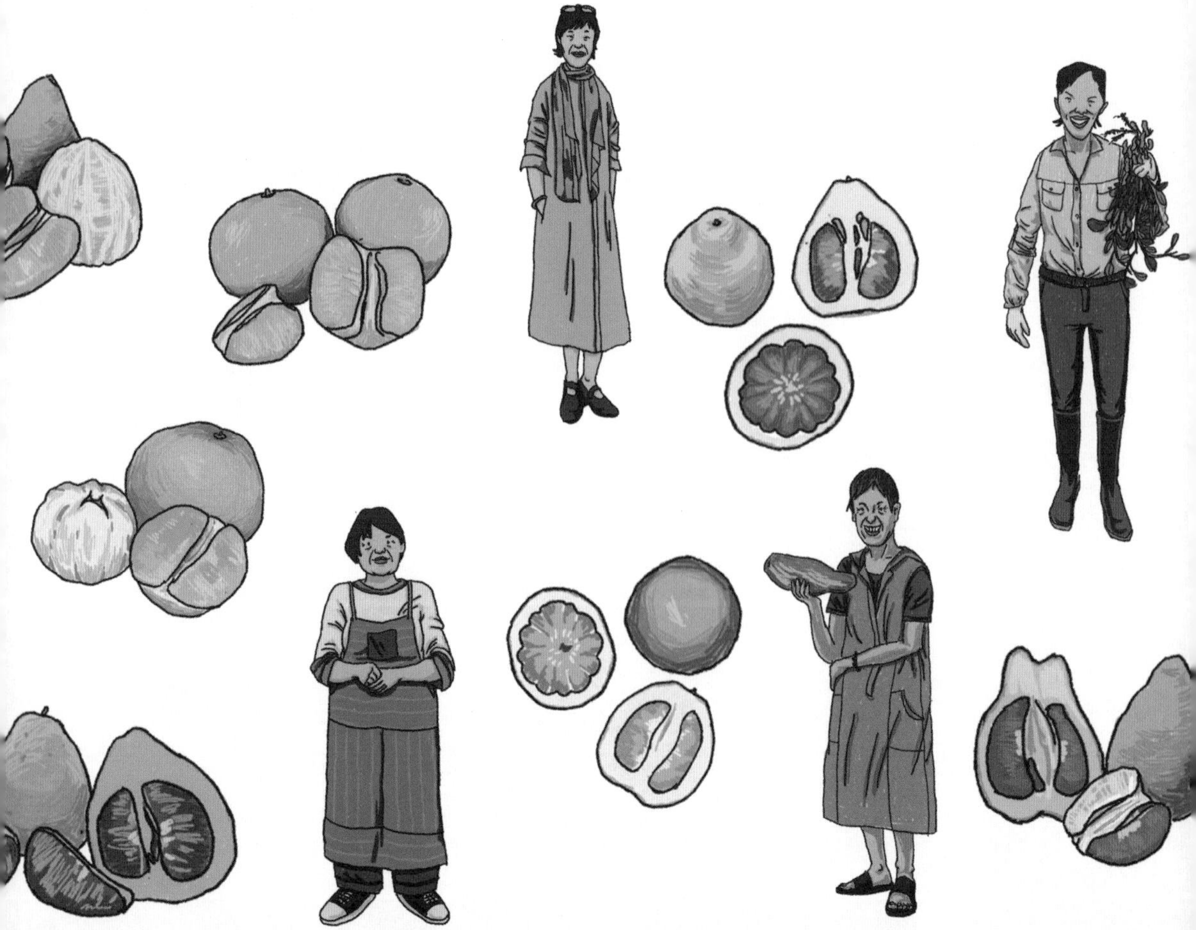

不可不說的糖與脂肪

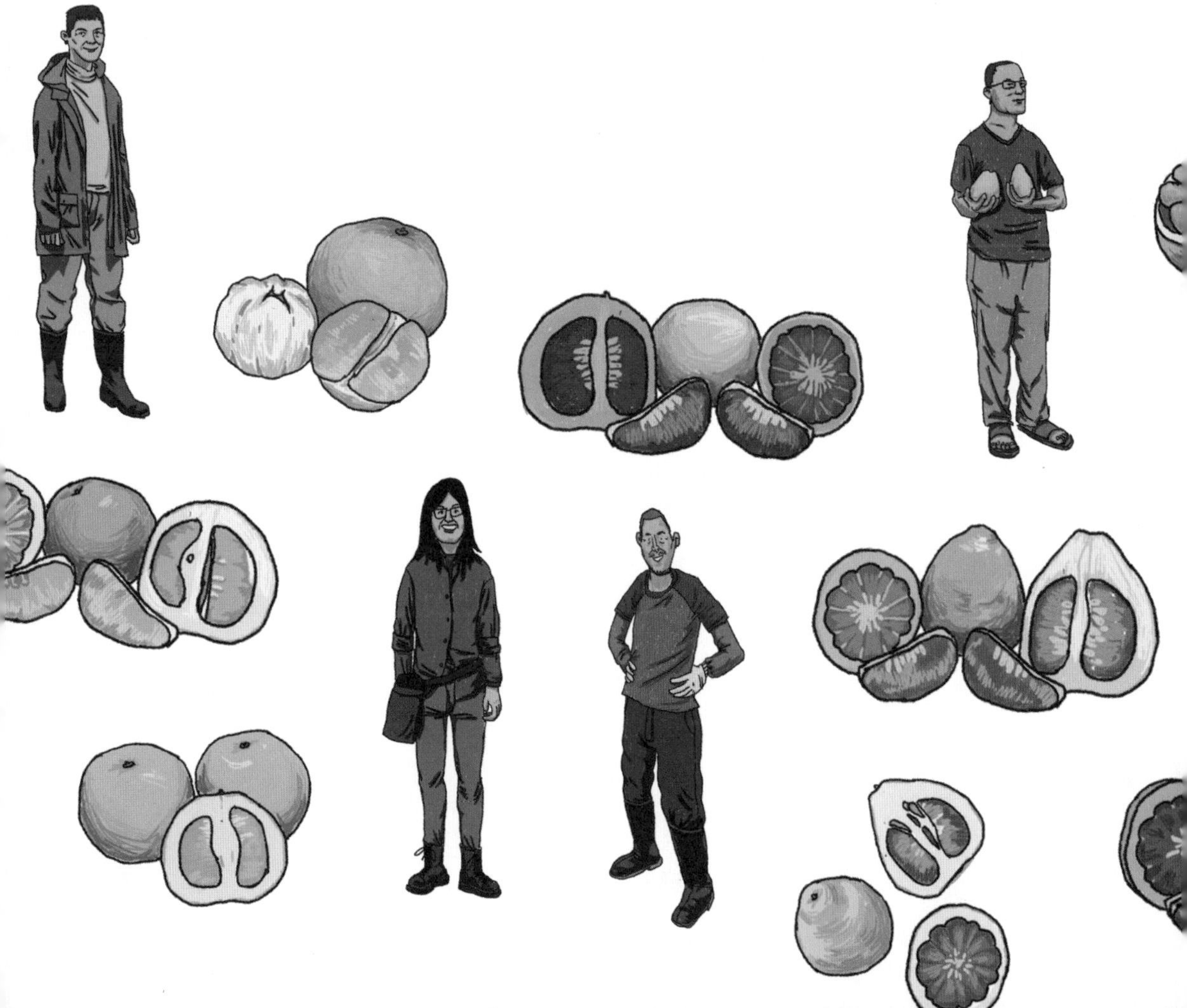

開篇先實話實說，其實這一章主要是在說與糖有關的內容，提到脂肪的地方很少。人類釀造史已有幾千年，最初都是誤打誤撞出美酒，所以釀酒一點不難不神秘，糖多糖少都可以、容器好壞都可以、果子是否有機都可以……都可以釀出酒。但是，不論釀水果酒、穀物酒還是奶類酒，與釀造有關，只有一個萬萬不可：不可以有油。油脂，是釀酒剋星，不論釀什麼酒，只要沾油就死。除此之外，海闊天高，隨便你怎麼飛怎麼蹦。

接下來轉入與糖有關的頻道

糖、酒、和煙草，都是致命毒物。

但糖是上述毒物中最爲特別的一個，註定要與人的生命如影隨形。爲什麼？

一、首先因爲它必需。毒品、煙草、和酒，都可以和我們的生命徹底了斷，但糖不行。汽車的發動機燒汽油，人的發動機燒的是糖。就算我們守口如瓶滴糖不沾，澱粉也要轉化成糖才能成爲生命的能量。人與糖是生死緣，無法拆解。

二、另外一個原因是重要：糖可以讓人快樂。快樂，是生命不可抗拒的誘惑。

三、還有一個原因是利益巨大。如果把貨架上凡有糖添加的都撤掉，恐怕所有超市都要關門，因爲剩下的東西最多不到二十%。牽動制糖業、食品加工業、批發零售業、物流運輸業、傳媒廣告業……利益巨大的權力系統無處不在。

一十二十三，註定我們生命與糖，難解難分。

雖然糖是致命毒物，但也不必談糖色變，逢甜必反。天然食物中的糖，存在於水果、蔬菜、全麥、糙米中沒那麼可怕。往往愈甜愈是富含膳食纖維，纖維質在胃裡不被消化吸收，進入小腸還能包裹在糖分子的外面延遲糖分吸收。

可怕的是工業化加工得來的果糖。

「果糖」容易讓人望文生義以爲是水果裡的糖。儘管水果確實有果糖，但此果糖非彼果糖，現代人身邊的果糖最可怕的不是來自水果，而是工業化加工。

澱粉進入人的身體之後，在酶的作用下將大分子的澱粉轉化成小分子的糖（果糖和葡萄糖）。工業化加工果糖，基本原理接近，用澱粉酶水解澱粉——最初我一看到就樂：多好啊，有工廠和機器幫忙，不用我們自己消化親力親爲。

隨後發現我純屬傻樂。這種偷懶省事會換來脂肪肝心臟病……不能再想，心疼。

果糖這麼可怕，我能不理它嗎？不可能。

果糖幾乎無處不在。首先我們所說的「蔗糖」一半果糖一半葡萄醣（經常有人問我二砂或者黑糖是不是好一些，說到底，在果糖的問題上，差不太多），所以，外食外買時，所有加糖的要一概小心。

果糖在加工食品裡同樣無處不在。它實在是太易得太便宜，理論上說，在酶的作用下，一百公斤澱粉加水十一點一二升，可以得到一百一十點一二公斤果糖糖漿。

不僅價格便宜到不敢追問，還牽出更多的不敢聯想：全世界最便宜的大宗澱粉是什麼？美國玉米澱粉和基因改造有沒有關係？

果糖如此便宜，甜度又高，帶給味蕾的感覺接近兩倍。糖和甜味的東西讓人的大腦產生一種內啡肽類物質，愉悅滿足。糖含量高到一定程度，就會觸動人體裡的一個極樂點，說白了就是上癮。

費城「莫內樂化學感覺中心」（Monell Chemical Senses Center），有位莫斯科維茨研究員發現了極樂點，不僅讓人爽歪歪，而且大腦會記住這種快樂感覺，心心念念非他不可，只要在孩子小的時候上癮，就會銘記一生。這個發現，也發生在美國的上世紀五六十年代，那個科學家爲錢造假的年代、各種工業化食品快速「糖化」的年代。萬寶路可口可樂百事可樂雀巢卡夫爲什麼競相生產各種巨甜食品，而且主打方向都是兒童，原因卽在於此。

上癮的威力有多大？當糖的危害愈來愈爲人所知，卡夫公司從二〇〇四年開始限糖，當年股價立跌近一七%，競爭對手卻上漲五%。後來呢？後來推出了更甜更油膩的奧利奧餅乾扳回一城。「扭一扭，舔一舔，泡一泡」，這個廣告，我們都不陌生吧？

當「低糖」成爲一種風潮，食品製造商用果糖取代蔗糖，口味基本不變但可以讓糖分減少十%以上。

眞不好意思，果糖的故事怎麼講怎麼恐怖。

新聞中經常看到類似的內容「七歲的孩子，竟然得痛風，家長後悔莫及」、「十二歲的孩子，竟然得了嚴重脂肪肝，而自己的父母竟然全然不知。」通常以爲痛風脂肪肝是飲酒導致的成人病，爲什麼不喝酒的孩子也會這樣？

因爲現代社會的孩子，幾乎每天都在喝一種「不會醉的酒」——果糖。

工業化加工食品裡果糖無處不在，它不刺激胰島素釋放，不會產生飽腹感，相反還可能造成胰島素抵抗（後果敬請自己查詢），幾乎全部肝臟代謝，大量攝入會導致非酒精性脂肪肝。

既然說到了「非酒精性脂肪肝」，那麼有沒有「酒精性脂肪肝」呢？當然有，這個名稱本身就足以說明飲酒與脂肪肝之間的關聯。

自製自釀代替市售

現在由糖說到了酒：

這是一本釀酒師傅談釀造的書，是用糖加水果自己動手釀造水果酒和製作冷漬果醬的書，糖與酒，無處不在。爲什麼我要寫這樣的書呢？

請問：大家有沒有注意到，我在提到自己的含酒精和含糖食物的時候，都特別說明。

「用自釀活菌酒代替市售果酒」、「用自製冷漬果醬代替市售果醬」——請注意「自製」、「自釀」、「代替」、「市售」。

我強調這是代替品不是必須品，寫這樣的書開發這樣的課程做這樣的推廣，是爲了要用自製自釀代替市售——自己動手，自製代替市售，一直是我要推動的。

在這本書開頭，我說作爲一個幾乎不喝酒的釀酒師傅，爲什麼要做這件事？居於首位的原因是不想浪費，第二個重要原因：給習慣於市售果酒、市售果醬的人提供危害略小的替代選擇。

如果，您生活足夠健康滴酒不沾，那麼恭喜，這本書大可丟掉。如若不然怎麼辦？如果做不到斷崖式戒斷，有這樣的替代方案可供選擇。

另外再提一句纖維素：這不僅是在提供替代方案，也一直在把纖維素變得能吃、好吃。這是革命性的，和活菌一樣，都非常非常非常重要，活菌和纖維素的重要性已經說了夠多，不重複。

前面一直在扒果糖，但是只說果糖，似乎有些對不起麥芽糖漿和麥芽糊精。

我用自己種的糯米親手做過麥芽糖。曾經望文生義，以爲市售麥芽糖漿和麥芽糊精也是好東西。後來才知道自己又白高興一場，就像工業化生產的果糖跟水果裡的糖沒有關係一樣，同樣是用澱粉做原料的工業化製品，跟麥芽也沒關係。

上網查詢麥芽糖漿的時候，不僅驚異於二點八元低廉價格，還被賣家特意注明的「蜂蜜專用色」嚇到，暗暗算一算蜂蜜的價錢，忍不住想到了馬克思那句著名的話。同理，麥芽糊精是一種被廣泛應用於奶粉和豆粉的添加劑，也請比對麥芽糊精八元一斤的價格與奶粉和豆奶的懸殊。

麥芽糊精跟麥芽沒什麼關係，但它跟「大頭娃娃」和「毒奶粉」似乎有關係，這又是一個恐怖故事。但講鬼故事不是我的專業，就不說了。只說我自己，活在這樣無處不在的恐怖故事裡，如何自保吧。

商場裡的添加已經躲無可躲。糊精添加高達七十%的咖啡伴侶是極重災區，各種糖果、餅乾、軟飲料也差不多，一概免談。但我躲得了這些躲不了豆，我不吃肉就必須補充豆製品，人在旅途不是隨時都能夠吃到豆腐，就不得不選豆粉（注意哦，不是豆奶，豆奶也是極重災區），選「無糖豆粉」已經是最好的選擇了，但是「無糖」常常是「無蔗糖」不得不防，而且，麥芽糊精赫然在列。怎麼辦？

人在旅途只能權衡一下，我會選標示了糊精添加不高於三十%的那一種，一天沖一袋，與原味麥片一起沖（不是加了各種調料包括果糖和糊精的「牛奶麥片」，那同樣也是重災區），祈禱麥片裡的纖維素保佑我的小心肝。

有人好心提醒我，可以改成去早餐店買豆漿。我回贈幾個提醒：之一、如果早餐店提供的是沖的豆漿，可能用的是更便宜添加更多的「豆奶」或者「豆粉」。之二、去豆漿店豆腐店則要提防消泡劑。之三、我道聽塗說，因消泡劑在原材料製作前期加入，我們在超市購買豆製品時成分表裡，看不到消泡劑。至於消泡劑的成分、危害、應用範圍，我不想展開一個新的恐怖故事，敬請自行查詢。

沒有受不了的罪，只有享不了的福

寫到這裡丟下電腦去摸我的零食瓶——即使是在廢棄小學閉關期間我也保持了吃零食的美好享受。我的零食瓶裡不是糖果，而是慢火炒熟的花生米。將花生配上一粒紅棗同時入口，立即美味升級。

一來我要用美味撫慰一下受傷的小心靈，二來，接下來也是要寫到：只要善加運用，脂肪和糖，其實也沒那麼可怕。

現在花生米和紅棗就在我手邊，隨手可得。但是，在我們老祖先的時代，就沒那麼容易了，糖和油脂，位於食物金字塔頂端，人類進化的過程中，先人遷徙漁獵耕耘醞釀世代追逐，對它的喜愛已經寫入我們的遺傳基因成爲生命本能。油脂與糖的美味人類無法抗拒也不必抗拒，不僅帶來美好享受，也提供生命運行的基礎能源。

只是「沒有受不了的罪，只有享不了的福」，幾乎所有的現代病都是這種「享不了的福」。但是生命本能不可抗拒，現代人用現代科技，得到了足夠多的糖與油脂，也應該運用科技知識，善用這些美味。

當然紅棗夠甜、花生夠油，而且熱量都夠高。糖、脂、熱，都是關注健康的朋友避之惟恐不及的字眼。只特別提醒一點：但我這樣吃進去的一百卡和喝一杯可樂的一百卡進入人體產生的結果大不相同。

先說可樂，如今它比花生和紅棗更易得，進入人體之後的消化也更容易：不含膳食纖維的可樂立竿見影血糖飆升，肝臟接到指令立即將糖轉換爲脂肪儲存起來。

而紅棗花生中的膳食纖維能夠增加飽腹感，使得血糖緩慢地上升，延遲糖分和脂肪的吸收，鞠躬盡瘁的纖維素還會在大腸被轉化成維他命，餘下的部分在離開腸道之前還順便帶走了積累的宿便。

現代人普遍營養過剩，糖與油脂愈少愈好，但不能沒有，而且也無法避免，好在我們可以做出選擇，讓纖維素越多越好。

吃是人生莫大享受，爲什麼要管著自己的嘴？寫到這裡有點兒累，現在我要去嗑一會兒零食，先醬。

更廣邈無界限的光譜

與柚子有關的釀造，已經從籽講到了皮，從一開始就酒色生香，沒有想到，這本以幸福爲出發點，被冠上「顛覆台灣水果釀造罪」的書講著講著，會講成恐怖故事。

恐怖故事非常不利於消化，爲了能夠讓我們的結尾，配得上這個溫馨的動機，必須奉送可口零食壓驚，撫慰讀者受傷的心靈。

五十幾年人生，我經歷了從農業社會到現代社會的變化，最猛烈的變化在最近二十年。兒子小的時候，故鄉小城還能找到一絲農業社會的影子。如果早餐要喝豆漿，我都要提前一小時去市場，市場上有用黃豆和山泉水現磨豆漿的小販，跟我小時候差不多。

買回來的生豆漿要自己煮開。煮過豆漿的都知道「假沸」，七八十度就「沸騰」，但這個溫度無法讓蛋白酶抵製劑和皂苷失去活性，前者影響蛋白質吸收後者有苦味甚至讓人噁心嘔吐，豆漿要一直煮一直煮才會眞正煮開，木心的從前「賣豆漿的小店冒著熱氣」，就是這樣的。煮豆漿要隨侍在側，爲了不讓它「撲」出來，必須站在鍋邊一直攪一直攪，這樣煮出來的老火豆漿才好喝。

木心在詩裡說從前，「一生只夠愛一個人」，如果不是眞愛，怎麼會這樣爲他煮豆漿？

愛在心裡、在手上，由從前一直到當下，在一蔬一飯的細節裡。兒子，是我這一生最愛的人。

兒子長大成人之後離開故鄉，北京、洛杉磯、三藩市、深圳，不管是愈走愈遠還是愈走愈近，都是沒有老火豆漿的地方。我的兒子，被工業化食品和現代生活方式包圍，我時時刻刻都會想到他，吃到好東西的時候會想：我的兒子能不能吃得到？寫到可怕的東西也想：我的兒子會不會也在吃？

如果今天，我兒子在深圳要喝豆漿，要怎麼辦？

前面已經講過的恐怖故事直接跳過，如果看到店家標示「現磨豆漿」，就可以進去看一看。有的店家放了料理機，事先煮好了黃豆加開水現打，沒有麥芽糊精也沒有消泡劑，這樣的豆漿因爲不會「濾渣」，保留了大量纖維質，是更佳之選。

另外還可以自己沖，有些大商場裡可以現磨粉，食品區有很多已經炒熟的穀物豆類，包括黃豆黑豆，可以自選後現場打粉，這是好東西。喝的時候開水一沖就好，缺點是顆粒稍粗，口感不夠順滑。準確地說，這樣沖出來的，是豆類糊而不是豆漿。

當然還有更好的辦法可供選擇：買一個料理機，自己在家打豆漿。

破壁料理機是好東西，可以打到極細緻。很多人有，但不常用，因爲開啓豆漿功能需要二三十分鐘，做好之後太熱當時又不能喝……等不得。

我有改進方案可以分分鐘搞定：將黃豆或者黑豆提前煮好，分裝小袋放入冰箱冷凍保存。早起將冷凍豆拿出來加入熱開水，用「果汁」功能，三五分鐘搞定，這段時間可以去刷牙。開水與冰豆相遇，得到的豆漿溫度剛好直接喝。

如此使用料理機不會啓用加熱功能，所以不會掛底，容易清理，加水一沖就能搞定。

讀到這裡有沒有發現，我的這些替代方案何其「沒有原則」，可以一退再退、一讓再讓，充分體諒現代人的侷限無奈與生活慣性。

因爲，這就是我和我兒子的現實處境。

知道現代生活有太多的「不可改變」，我接受兒子的選擇，他也只能選擇現代生活。但我又無法改變自己，不擔心、不掛念他。所以我的這本書，從根本上，是在找更簡單更方便的替代方案。爲現代權力系統之下、像我兒子一樣生活在都市裡的人，找尋替代方案。

因緣際遇，我可以在現代社會把很多回歸本原的生活方式做到極致，但這種做法除了利益自己的生命，最重要的社會意義在於，在現實中證實可行，而不是爲了藉由道德優越要求他人。

我要在做到極致和現實可行之間，爲現代人提供一個可供選擇的光譜，不是一種做法，而是一個廣大的區間。

在這樣的光譜裡，每個人都能找到適合自己辦法，在可以可行的範圍裡得到「更好」，而不是挑戰承受極限。

我一直說「沒有最好只有更好」，那麼這杯豆漿有沒有可能更好?當然有。可以在冷凍分裝的時候加入蒸熟的糯米，不必多，總量十分之一左右。尋常一杯豆漿，善用科學知識，這樣打出來不僅更綿密粘稠口感升級，而且，大豆中的賴氨酸和穀物中的蛋氨酸彼此互補，可以大大提高這杯豆漿的蛋白利用率，營養同樣升級。

有人也許還不滿足:我不怕花時間，不想要什麼「替代方案」，有沒有更好的辦法?

當然有。

只要肯爲自己的生命花時間，現代人有很多選擇，要善用現代科技，不只於冰箱和料理機。

還有沒有更好的可能？永遠都是上不封頂、沒有最好只有更好。就像糖和水果可以釀出功過參半的酒也可以變成幾乎有功無過的醋一樣，也能夠善用現代生活便利增益減害，但還是那句話：要靠你自己動手做。

可以現在行動自己摸索，也可以等我的下一本書，我們再來一起試過。

後記——爲什麼是幸福

走筆至此，柚子製作告一段落。前面是我的方法論，那麼，現在開始進入世界觀~~~又上當了不是？整本書都是村莊釀酒師傅吃吃喝喝剝柚子，頂多是點柚子觀。

五十幾年匪夷所思的旅程行至此時，想說的當然很多，但是只能收斂自己。

今夜，我不關心人類，此時，我只說柚子。你懂的，由我手中柚子說的是——幸福。

從今天起，做一個幸福的人

今天你幸福了嗎？

我在課程開頭總會問人：「今天你吃了嗎？」並以此拉開恐怖故事的序幕。沒辦法，世界就是這麼冷酷。

對我自己則要溫柔很多：「今天你幸福了嗎？」

今天你幸福了嗎？——早起霜花如雪，寒風劃過，好冷！

怕的不是冷，我在深牢大獄裡經歷過比這更冷的冬天，怕的是身體不合作。數九寒天，我在福建丹雲，大山深處一所廢棄的小學裡釀酒寫字，孤守小學期間每天跑步，必須讓身體暖起來，不然這部老機器會停擺。

太陽出來霜就化了，仿佛那些寒冷與冰霜都不曾有過。跑一跑凍僵的人就能活回來，霜結的血先化開，鏽蝕的關節也慢慢滑潤，最後手腳趾尖都會暖酥酥的，如同新生，給人美妙錯覺，仿佛那些歲月和經歷，並不曾寫進我的生命。

喜歡這樣的感覺，跑得慢不要緊，只要能把冷和痛甩下就好。跑起來，就有可能甩開曾經，成爲一個新人，讓我覺得幸福。

下雨的時候，就在走廊跑。空氣中彌漫著海子的詩句，這是雨水中一座荒涼的城，走廊的盡頭我兩手空空，凍僵的指尖握不住一顆雨滴，今夜，這是唯一的，最後的，抒情：「從現在起，做一個幸福的人……」

親愛的你已經發現，我篡改了詩人的經典——幸福，怎麼能等到明天？

從明天起，做一個幸福的人

餵馬、劈柴，周遊世界

從明天起，關心糧食和蔬菜

我有一所房子，

面朝大海，春暖花開
從明天起，和每一個親人通信
告訴他們我的幸福
那幸福的閃電告訴我的
我將告訴每一個人
給每一條河每一座山
取一個溫暖的名字
陌生人，我也爲你祝福
願你有一個燦爛的前程
願你有情人終成眷屬
願你在塵世獲得幸福
我只願面朝大海，春暖花開[1]

跑步讓人幸福，釀酒也一樣。

我要在這寒冷的冬天釀酒，釀很多酒。我冷了可以跑步，但酒冷了跑也沒用，釀酒菌會停擺。怎麼辦？

注1：引用詩句爲中國著名詩人海子作品〈面朝大海，春暖花開〉。海子原名查海生，生於一九六四年三月二十四日，安徽省安慶市懷寧縣高河鎮查灣人，成長於農村。一九七九年以十五歲跨齡考入北京大學法學院學習法學，大學期間開始詩歌創作。一九八三年自北大畢業後分配至中國政法大學哲學教研室工作。一九八九年三月二十六日在山海關臥軌自殺，年僅二十五歲。在短暫的生命裡，保持了純潔的心。他曾長期不被世人理解，但他是中國九十年代新文學史中一位全心投入文學與生命極限的詩人。

或者等，等到春暖花開。但幸福怎麼可以等？以我的急性子，怕是等不到就急死了。就算我能等，酒也等不得，釀酒菌細微的生命倏忽即逝，酒生苦短，須及時釀造。我在冰冷的屋子裡搭起帳篷，再引來電線插好電鍋打「保溫」——關上帳篷成一統，妥妥已是釀酒菌小天使喜歡的溫度。

這麼做是不是有點酷？

一直對自己堪稱強悍的動手能力沾沾自喜，就算沒有電鍋帳篷，也能找出別的辦法——幸福那麼重要，怎麼可以等明天？

世界愈冷酷，愈是要幸福。

特立獨行的後現代幸福

在陌生之地的台灣，成為農夫，是我五十幾歲今生最大的福分。靠雙手自給自足，活成一個獨立自主的人，在現實侷限和內心嚮往之間，用吃吃喝喝重建與這個世界的連接，眞正的收穫，是自由，是現代人在權力系統重重圍困之下彌足珍貴的生命自主。

就像被投進了時光機，我跌落在另一個時空的幸福裡。如此耕田種地不是屬於過去，而是屬於未來，是網路時代之後的後現代。

「沒有受不了的罪，只有享不了的福」，剛一開始很不適應，總免不了感慨。

社運青年賴青松告別臺北深耕宜蘭，特立獨行首倡「穀東制」，不僅非政府非企業，也非環保社運ＮＧＯ。那一年，他還不到三十歲。三十歲的時候我在哪兒？

楊文全三十歲已參加了三次助選，選市長選立委選總統悲歡離合，都親身走過。五十歲發起「倆佰甲」用開放社群的理念培育新農新天新地，而我五十歲的時候在牢裡……。

當然我沒有一直沉浸在「扔還是死」的糾結裡，而是學會了換位思考，慶幸有機會成爲賴青松楊文全的農友。

我親歷了鄰田農友楊文全的第四次助選，猜一猜這回選什麼？選的不是滿頭白髮的聯合國秘書長而是三十而立的美女鎮長。

賴青松把自己種在土地裡，除了太陽不看任何臉色，過資本而不入，過選舉機會、政治利益、行政職務不入，「做自己，就是做宣導」，惟此才能與這些巨大的力量有效對話。

權力系統籠罩四野，現代人概莫能外，宣導者尤其尷尬。我看到了另外一種可能性。在工業革命、資訊革命之後，在社會運動、政治運動之後，在現代化、民主化之後，引領社會變革的力量是什麼？如何起作用？

臺灣社會轉型教訓積累，先行者生命尋覓經驗歷練，他們摔跤碰壁交學費，我則坐享其成。臺灣的此時當下，是我們尚且遙遠的後現代，親愛的，你要知道自己多幸福。

引領變革的力量

學校教室樓梯兩邊掛了許多「永泰名賢」，拐角處是宋代愛國詞人張元幹「……金兵圍汴，秦檜當國時，入李綱麾下。堅決抗金，力諫死守，曾賦〈賀新郎〉詞贈李綱……」

賴青松當年人生困惑圍城選擇說走就走去種田，而不是給長官奮筆疾書〈賀新郎〉。不管怎樣經天緯地的謀略，只要與權力折衝，不管是心有所屬還是身有所屬，難免食君之祿忠君之事，「依靠」、「依賴」、「依附」，各自種種，很難扯得清楚。

只有擊壤而歌才能唱得出「帝利於我何有哉」，擊茐板奏章不能、擊電腦鍵盤不能。楊文全半百之年棄文從農，這位友善種植的農夫，可能是我見過的「最不友善宣導者」。

總說要「讓他們看不到我們的後尾燈」。「他們」，視當時對話語境，可能是政府部門、政治人物、學者專家、企業資本、或者民間團體社運組織等，總之是他的宣導物件。

曾經以為這麼說是欺負我不會開車，讓人看不到後尾燈怎麼宣導？

後來發現，雖然「倆佰甲」已解散了，但他們確實讓人看不到後尾燈。

「縠東制」非政府非企業非社運跳出三界之外，每一位農夫和自己的縠東自成系統，都是沒有邊界出入自由雙向自主選擇的扁平組織。如此獨立個體群聚的開放社群，「倆佰甲」做什麼或不做什麼，「to be or not to be」都任性得讓人找不著邊。一個沒有身體從屬和精神效忠的群體，沒有領導關係命令效力，不易收買也無從威懾，任何權力系統都吹不得也拍不得。

不論順著導還是逆著倡，如此一騎絕塵，眞眞看不到後尾燈。

開放社群，這種自組織的組織化，是人的未來組織形態。

稱之「未來組織形態」，指的不是開放社群將取國家權力、資本權力以代之，不是成爲新的權力中心或者躋身權力系統之中，而是因爲開放，讓個體權利擁有了權力系統之外的可能性……

我必須收斂自己，這個話題一言難盡，是我未來書寫的內容。

我感慨自己的幸運，有幸親身見證。

在中國一直被告誡「提前半步是英雄，提前兩步就是烈士」，臺灣當下的先行者，只是未必如此危險。但在哪裡都一樣，終當潮流湧動大風起兮，站在風頭浪尖的，往往不是最早上路的人，他們甚至因爲走得太快，以至於先行者的腳蹤，早已淹沒在水波之下無從追尋。

誠然有人風光無限，誠然權力系統無遠弗屆，但這才是眞正引領變革的力量。

「穀東制」與「開放社群」的價值，被這個世界低估了。

小小臺灣幾十年積累，有一種價值，被這個世界低估了。

實踐「後現代」幸福

幾年前「顛覆國家」飛來橫禍：「你到底要做什麼?」

我怕的不是拷問，自信仰俯不愧天地，不論一線行動還是社會觀察，公共追求與生命修爲，皆皆指向「公平正義社會」加「幸福完整個人」。

我怕的是這個罪名指向的結果，不僅半生積累毀於一旦，也在權力系統碾壓之下身心破碎。面對困難、承付代價不是問題，怕的是失去我的創造力。

本爲療傷遠走天涯，被開放社群吸引駐足深溝，得獲意外之外的報償。這片土地滋養了我，能夠用雙手爲自己創造幸福。

在臺灣學會一個詞「小確幸」。字面解釋是「小而確定的幸福」。但我見到的不是小確幸，而是幸福本人。

不管是「穀東制」之于賴青松、還是「倆佰甲」之于楊文全，或者柚子釀造之於扣子，都是找到一個東西，可以小、但一定是確定可行的，得以讓生命自主和精神自由在與權力系統的拉扯中尋找均衡，成就獨立精神自由意志的人。

注2：臺灣有機與友善種植面積不足一%。

每個人的力量都是微小的，但農友彙聚，已占深溝周邊半壁江山[2]，更重要的是，能夠此過上自己想要的生活。

是宣導，但首先是生活。這些後現代農夫在成就宣導，也在成爲幸福完整的人。

特別強調「後現代」，善用現代成果，但又不爲之所用。是在重新定義農夫與現代生活的關係。

不管古代、現代還是後現代，成爲完整獨立的自己，才能自主決定與權力系統的關係而不是被決定。

上一本書《親自活著》，封面書名用了印刷體。我的書一直請家人題寫書名，老爸與兒子皆皆一筆好字。但這一回，老爸「年紀大了寫不好」，兒子則「太忙了你去找別人吧」——不是寫不了這幾個字，而是不接受我的選擇。

所有感慨糾扯小劇場跳過不提，我只提醒自己：不必改變他們，也不爲他們改變自己。

獨立完整的人生，不僅意味著有清醒的頭腦識別權力剝奪、有能力承付生命代價對抗壓迫，也包括我愛你但不會因此放棄我自己。

這是我一生的功課，學習在愛裡成爲我自己。

世界愈冷酷，愈是要幸福

寫書的這個冬天足夠冷，但照樣釀出幾十種酒，寫了這本書，還種下第一批馬鈴薯。世事顚倒，一切不美不好皆有可能，唯種子與土地不會辜負汗水。不論天氣陰晴世事冷暖，因爲耕種、因爲釀造，總能夠創造幸福。

年尾收拾書稿，暫別福建回故鄉，窩回泰山小屋完成最後的修訂。春節期間自絕於網路，閉關趕工。

這個帶著幸福的起心動念，在修訂過程中慢慢走來。寫作，也是讓我幸福的事。

重回信息紅塵，驚覺世上千年。

閉關前新冠肺炎尚且「可防可治」，事實是，在我書寫幸福的過程中感染過萬，從深圳到北京，我的兒子和家人，都在人人自危的疫區。

必須承認，我眞的是被打擊了，萎頓了很久。

不怕面對痛苦，也不怕幸福遙遠稀薄，怕的是根本沒有幸福，是我自欺欺人。

最終決定沿用此前寫下的結尾。不論處境如何，都不能放棄創造幸福的願望與能力：

從現在起，做一個幸福的人，給每一條河每一座山取一個溫暖的名字，把自己也像種子一樣種進土地。

祝願我們都能成爲自己，在塵世獲得幸福。

陌生人，我也爲你祝福。

——二〇二〇年二月七日

這一天，新冠肺炎感染者過三萬

疫情吹哨人李文亮醫生離世

附贈彩蛋

不只是柚子，

釀造有無限可能

扣子廚房出品的
釀造恐怖份子無所不釀

萬事萬物皆可釀，
讓我們共同舉杯，
不醉不歸。

大葉田香＆火龍果皮釀
喝起來會有類似希臘茴香
酒的味道

我果皮果核什麼都敢釀，但是我教出來的那些瘋狂的釀造恐怖分子個個青出於藍。她們釀勢洶洶，上山下海無所不釀。後來我在台中不僅喝到了茶葉酒，還有玫瑰酒野薑花酒一衆匪夷所思，這些創意無窮釀膽包天的恐怖分子，沒有什麼是她們不能拿來釀的。

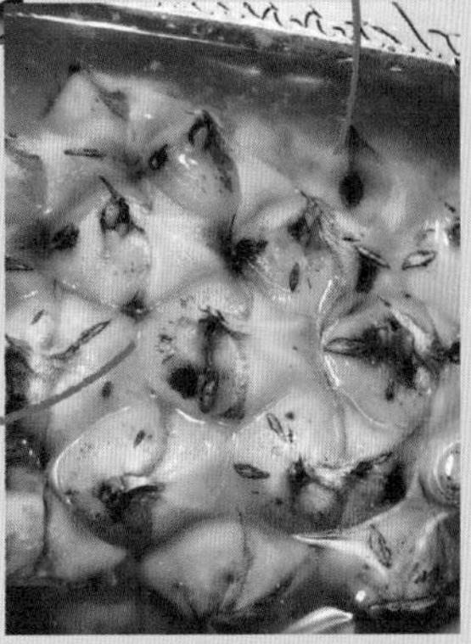

你的釀造你做主，你的廚房你做主，能玩出多少花樣，真的都在你自己的手裡。你有多少想像，就有多少可能。